U0179978

# 城 市 体 检
# 推动城市有机更新

湖北省规划设计研究总院有限责任公司◎编著

华中科技大学出版社
http://press.hust.edu.cn
中国·武汉

**图书在版编目（CIP）数据**

城市体检：推动城市有机更新 / 湖北省规划设计研究总院有限责任公司编著. —武汉 : 华中科技大学出版社，2024.4

ISBN 978-7-5772-0541-0

Ⅰ.①城… Ⅱ.①湖… Ⅲ.①城市规划－研究－中国 Ⅳ.①TU984.2

中国国家版本馆CIP数据核字(2024)第061135号

**城市体检：推动城市有机更新**　　　　湖北省规划设计研究总院有限责任公司　编著

CHENGSHI TIJIAN: TUIDONG CHENGSHI YOUJI GENGXIN

出版发行：华中科技大学出版社（中国·武汉）　　　　电话：（027）81321913
地　　址：武汉市东湖新技术开发区华工科技园　　　　邮编：430223

策划编辑：易彩萍　　　　　　　　　　　　　　　　封面设计：张　靖
责任编辑：易彩萍　　　　　　　　　　　　　　　　责任监印：朱　玢

印　　刷：湖北金港彩印有限公司
开　　本：710 mm×1000 mm　1/16
印　　张：13.5
字　　数：207千字
版　　次：2024年4月第1版 第1次印刷
定　　价：98.00元

# 《城市体检：推动城市有机更新》
## 编辑委员会

# 前　　言

城市体检是一项基础性工作，通过综合评价城市发展建设状况，有针对性地制定对策措施，优化城市发展目标，补齐城市建设短板，解决"城市病"问题，从而推动城市人居环境高质量发展。城市体检工作意义重大，需要以问题导向、目标导向、结果导向为指导原则，聚焦城市更新主要目标和重点任务，建立与实施城市更新行动相适应的城市规划建设管理体制机制和政策体系，来促进城市高质量发展。目前，城市体检作为推进实施城市更新行动、促进城市开发建设方式转型的重要抓手，在其机制体制、工作体系、指标体系、反馈机制等层面，还需要开展大量实践研究工作。通过向上下延伸城市体检范畴，研究如何实现城市体检的层次化、精准化、体系化，构建适应不同空间层级城市更新需求的城市体检工作体系，建立灵活、实用、兼具地方特色的体检指标体系与反馈机制是十分必要的。

本书分为六个章节，第1章主要介绍城市体检的背景与内涵，重点对住房和城乡建设部主导下的近年城市体检实践经验与特点、城市体检国内外案例及发展趋势进行分析与阐释。第2章介绍新时期城市更新的重要任务与工作体系，对城市更新历程与典型案例开展研究，对当前城市更新的新要求与重点任务进行梳理研究，并重点研究了城市更新的工作体系与实施流程的详细要求。在此基础上，第3章重点研究了城市更新对于城市体检的新要求，从二者关系、相互作用、指标导向以及实施路径方面进行了深入的研究。第4章探索了面向城市更新的城市体检体系的构建方法与内容，从区域到城市，再到专项城市体检，探索不同层级尺度的城市体检重点内容维度的选择，以及与城市更新体系及现有规划体系的衔接要点。第5章重点研究了指标体系构建与指标传导过程，并对体检数据采集及整体构架进行研究分析。第6章对以城市体检推动城市更新的关键理论要素进行了总结与展望，探讨了新热点对城市体检与城市更新体系发展的推动作用。

# 目　　录

# 1

## 城市体检的背景与内涵

## 1.1 城市体检的政策背景

### 1.1.1 推动城市人居环境高质量发展

2022年末，我国常住人口城镇化率达到65.22%，城镇常住人口达到92071万人。改革开放40余年，我国常住人口城镇化率提高了47.30%，城市数量由1978年的193个增加到2022年末的685个。在这场全球规模最大、速度最快的城镇化进程中，我国城市发展成就斐然。但与此同时，城市也不可避免地面临"大城市病"日益严重的问题，公共服务和基础设施不足、生态环境破坏严重、城市管理粗放等问题日益凸显。根据统计，我国近九成的地级以上城市处于"亚健康"状态，交通拥堵、住房紧张、生态污染等问题对居民的生活水平造成了严重影响，不符合城市健康发展的要求。

党的十九大报告指出，中国特色社会主义进入新时代，社会主要矛盾已经转化为人民日益增长的美好生活需要和不平衡不充分的发展之间的矛盾。人民对美好生活的向往已从改善生活水平转变为提升生活质量，城镇化进程也进入了以提升质量为主的转型发展新阶段。在高速城市化的上半场，城市工作重点在于快速供给，解决"有无"的问题，但是在高质量城市化的下半场，城市工作则致力于为人民营造出美好环境和幸福生活。因此，营造宜居、可持续的人居环境成为全社会共同关注的问题。

党的二十大报告指出，坚持人民城市人民建、人民城市为人民，提高城市规划、建设、治理水平，加快转变超大特大城市发展方式，实施城市更新行动，加强城市基础设施建设，打造宜居、韧性、智慧城市。这为新时期推进以人为核心的新型城镇化指明了基本方向。

2015年，中央城市工作会议明确提出要转变城市发展方式，完善城市治理体系，提高城市治理能力，着力解决"城市病"等突出问题，不断提升城市环境质量、人民生活质量和城市竞争力；2017 年，《中共中央 国务院关于对〈北京城市总体规划（2016 年—2035 年）〉的批复》中首次明确提出要求"建立城市体检评估机制"，建设没有"城市病"的城市；2018 年，全国住房和城乡建设工作会议明确提出"要建立城市建设管理和人居环境质量评价体系，推动城市可持续发展"，住房和城乡建设部会同北京市政府率先开展了城市体检工作；2023 年，全国住房和城乡建设工作会议提出，在城市体检方面，要坚持问题导向和结果导向、向群众身边延伸、在"实"上下功夫，从房子开始，到小区、到社区、到城区，找出群众反映强烈的难点、堵点、痛点问题，查找影响城市可持续发展的短板弱项。体检要有硬指标、硬要求、硬督查，成为解决问题的指挥棒。住房和城乡建设部于 2019 年启动了全国首批 11 个试点城市的体检评估工作，于 2020 年选择 36 个样本城市全面推进城市体检工作，2022 年已扩大至 59 个样本城市，2023 年又选择了 10 个试点城市。

在此背景下，城市体检作为监测城市人居环境质量的工具被提出来，随着城市体检工作的开展，使其不断上升至国家战略层面。城市体检通过客观的数据分析、主观的满意度调查来识别既有和潜在的"城市病"，对城市发展状况进行监测评估。侧重于从问题出发，面向部门行动，有针对性地制定对策措施，从而达到优化城市发展目标、补齐城市建设短板、解决"城市病"问题的目标，有效促进城市人居环境高质量发展，为推动建设安全韧性、生态宜居、繁荣活力、包容共享、各具特色的现代化城市提供科学决策依据。

## 1.1.2　提升城市治理能力现代化水平

城市治理是推进国家治理体系和治理能力现代化的重要内容。进入高质量城市发展阶段后，城市从粗放型管理形态向精细化管理模式跨越。提高城市治理现代化水平，需聚焦城市问题、投入心力、补齐短板、改革创新，在推动科学化、社会化、精细化、长效化城市治理上下功夫。城市体检作为统筹城市规划建设管理的重要抓手，是城市精细化管理和城市发展质量提升的必要做法，也是有效提升城市治理能力的创新举措，有利于城市治理工作更加精准、科学。

### 1.1.2.1 科学化和社会化城市治理

现代的城市有着多年发展建设的积累，有很多问题也是长期形成的。城市治理是改善民生的一项重要工作，城市治理能力提升树立以人为本的理念，需要在系统诊断、周期调整、动态优化中逐步解决人居环境相关问题。

城市体检正是顺应城镇化发展规律、针对城市规划和城市发展阶段性任务的要求，通过发现和解决问题的科学决策方法来打通城市发展建设"最后一公里"，为政府各级有目的、系统地推进城市治理工作提供科学有效的支持。城市体检强调共治、共享，通过调查公众满意度和征集意见，聚焦老百姓关心的问题，把城市作为一个整体来思考，基于跨部门协作，发现城市系统性问题，并根据政府年度工作和部门行动制定有针对性的治理工作。

### 1.1.2.2 精细化和长效化城市治理

城市是各种要素高度聚集和快速流动的空间集合，各个要素互联互通、紧密连接、相互依存，牵一发而动全身，由此也带来了城市的脆弱性问题，迫切需要细致、精确、有效、差异化和有弹性的城市治理。

城市体检是综合化、定量化与动态化的规划实施评估，基于大数据、智能化的现代治理手段，通过专业、科学的方法，提供精准且高效的"诊断"服务，建立"一年一体检、五年一评估"的常态化机制和平台化、长周期、可持续的体检方法，定期进行评估和动态维护，对规划实施工作进行反馈和修正，辅助城市科学决策，及时有效地解决城市问题。总体来说，城市体检对提升城市治理现代化水平具有重要意义。

### 1.1.3　实施城市更新的"风向标"

随着"实施城市更新行动""推进以人为核心的新型城镇化"等政策的出台，我国大多数城市建设重点由大规模增量发展转向对存量空间资源提质增效，这种转变已成为"十四五"时期我国城市工作的重要路径方向，也已成为未来一段时间内我国城市空间发展的主要形式。2021年，住房和城乡建设部在《关于开展第一批城市更新试点工作的通知》中提出，以北京等21个城市（区）作为第一批试点地区，开展城市更新工作。明确提出坚持城市体检评估先行，合理确定城市更新重点。这不仅强调了城市体检与城市更新规划的联动，还体现了城市更新规划导向。2023年，全国住房和城乡建设工作会议指出，在城市更新方面，城市体检出来的问题，作为城市更新的重点；城市体检的结果，作为城市规划、设计、建设、管理的依据。

随着城市人口和需求的变化，城市需要进行更新和转型。这种转型不仅仅是简单的修补和翻新，而是需要有系统性整体性、协同性的观念，以"空间结构、城市社区、公服配置"为支撑，推动城市高质量发展的综合性、系统性战略行动。城市体检作为一种科学决策方法，能够丰富城市更新的发展路径，强化城市更新的手段。城市体检是诊断城市问题的过程，而城市更新是治理城市问题的过程，两者都是针对同一个城市。城市更新需要在城市体检的基础上进行监测、评价、反馈，深入剖析问题的原因，因地制宜地制定更新策略，以激活城市顺应时代变化的可持续发展能力。

随着城市发展的不断变化，越来越多的城市正在采取措施将城市体检成果与城市建设规划、城市更新行动以及城市专项治理工作相结合。城市体检通过诊断城市存在的具体问题和短板，为城市更新提供了关键的指导和支持。在城市更新的过程中，特别是在老城区的更新改造中，城市体检工作发挥着重要的引领作用，帮助政府制定有序的城市建设年度计划，并确定城市更新改造的规划编制、重点项目和建设时序。城市体检工作的推进，对于实现城市的可持续发展和高质量发展具有重要意义。

## 1.2 城市体检的内涵与主要内容

### 1.2.1 城市体检理论基础

2015年,中央城市工作会议提出"要把创造优良人居环境作为中心目标",推进城市建设规划、建设和管理要突出以人民为中心的核心思想。2019年,习近平总书记在考察上海时提出"城市是人民的城市,人民城市为人民"的重要理念。城市发展和建设要重视城市生产空间、生活空间、生态空间的宜居属性,创造更加舒适的工作、居住、生活和游憩的空间环境。城市发展及建设目标和方向也旨在不断地改善城市的宜居环境,努力将城市建设成为生态宜居、生活舒适、出行便利、充满活力的宜居城市、生态城市和绿色城市。

吴良镛先生提出的人居环境科学理论,正是顺应新时代城市发展阶段的理论基础,是探讨城市人与环境之间相互关系和发展规律的重要基础。城市人居环境是一种公共产品,人居环境建设需要从不同阶层、不同群体居民的差异化需求和愿望出发,最大限度地满足居民对城市空间环境的需求,不断提升居民对城市空间环境的满意度。为了更好地测度城市总体发展状态是否宜居、健康、舒适,能否给居民提供多元的居住、生活、工作和游憩等活动选择,为更有效地评价和考核城市规划建设管理工作等,2018年全国住房和城乡建设工作会议明确提出"建立城市建设管理和人居环境质量评价体系",2023年全国住房和城乡建设工作会议提出城市体检要"从房子开始,到小区、到社区、到城区,找出群众反映强烈的难点、堵点、痛点问题,查找影响城市可持续发展的短板弱项",此后越来越多的学者和从业者从人居环境科学的角度,评估和评价城市规划和整体发展水平。

现有人居环境质量评价的相关研究多以人为核心,以推动城市可持续发展为目的,以指标体系作为质量评价的媒介,以城市居民的感受作为指标设置的评估标准,建立一套综合或专项的评价指标体系,从而客观、具体地展示城市服务能力和生活品质的发展程度。人居环境质量评价指标体系多包含城市资源环境有效利用、社会公平程度、经济发展水平、公共服务设施建设情况等多个方面。国内人居环境质量评价指标体系往往与国家战略、城市发展目标、城市阶段性的建设要求、城市规划建设管理工作的组织机制和绩效考核等结合更为紧密，更能体现在一定时期内社会经济发展形势的需要，更具有操作性、可测量性、横向比较研究的可能性。采用的研究方法多以样本聚类分析和统计分析方法为主，数据多来自地方政府和较为权威的统计数据。随着新技术和新方法的不断发展，数据来源也更为广泛，城市大数据运用得也更为普遍。

聚焦城市可持续发展评价研究方面，联合国人居署提出了全球城市监测框架，主要从安全、包容、韧性和可持续的 4 个维度，考察和衡量城市发展状况，以跟踪城市和地区的变化和发展轨迹，并为城市发展和投资决策提供有效帮助。目前，国内外已发布了《全国健康城市评价指标体系（2018 版）》《国家新型智慧城市评价指标 (2016 版 )》《可持续发展蓝皮书：中国可持续发展评价报告（2021）》等多项研究报告。这些研究均对城市发展评价指标体系进行了探索，整体评估了城市发展水平和发展过程中面临的主要问题。

综上所述，人居环境质量评价和城市可持续发展评价相关研究为城市体检的研究奠定了良好的基础。城市体检是在宜居、生态、绿色和可持续发展城市建设理念下，对城市人居环境及可持续发展方面做出的全面、系统、常态化的评价工作。城市体检工作同样也要关注城市中时间、空间和人的关系，把居民的主观满意度与城市人居环境的实体空间有机结合起来，结合城市不同居民对人居环境建设的诉求和感知判断，将宜居、宜业、宜养、宜游等内容和指标作为评价的重点，从而发现城市人居环境建设和未来可持续发展中暴露的问题，验证城市发展与人的需求之间的协调匹配程度和城市治理投入与居民感知之间的契合程度。

## 1.2.2 指标体系

### 1.2.2.1　2020—2022 年，"八个维度 +N 个专项"指标体系

自 2019 年住房和城乡建设部发布《关于组织推荐第一批开展体检评估城市的通知》以来，历经四年多的探索和实践，城市体检工作坚持以人民为中心的发展思想，贯彻落实创新、协调、绿色、开放、共享五大发展理念，明确了以体检指标体系为核心，基于目标、问题、结果三个导向，构建"三位一体"工作技术框架，已建立发现问题—整改问题—巩固提升的联动工作机制。以住房和城乡建设部近四年发布的城市体检评估指标体系为基础，城市体检在工作内容上已明确了涵盖八个维度的一级指标和若干二级指标，在此基础上，各城市可结合城市自身发展需求增加本地化的特色指标。

2019 年，城市体检的评估维度首次形成，从生态宜居、城市特色、交通便捷、生活舒适、多元包容、安全韧性、城市活力、城市人居环境满意度 8 个维度的一级指标对城市进行客观分析评价；自 2020 年起，城市体检的评估维度进一步完善并稳定，从生态宜居、健康舒适、安全韧性、交通便捷、风貌特色、整洁有序、多元包容、创新活力 8 个维度的一级指标来展开评估工作。二级指标则是结合国家战略和现阶段社会经济发展存在突出矛盾的方面，根据体检工作的目的逐年变化，例如，在 2022 年住房和城乡建设部发布的《住房和城乡建设部关于开展 2022 年城市体检工作的通知》中，明确提出样本城市可结合新冠肺炎疫情防控、自建房安全专项整治、老旧管网改造和地下综合管廊建设等工作需要，适当增加城市体检相关内容和指标。

生态宜居：主要反映城市的人工与自然环境、园林绿化与公共空间等各类要素开发、保护和利用的情况，强调对城市中人与自然的协调关系做出科学、量化的评估和评价。2020 年城市体检指标体系中设立了 9 项二级指标，2021 年城市体检指标体系中设立了 15 项二级指标，2022 年城市体检指标体系中设立了 19 项二级指标。在生态宜居方面的二级指标，住房和城乡建设部逐年进行细化、调整和新增相关指标。例如，指标"区域开发强度（%）""人口密度超过每平方千米 1.5 万人的城市建设用地占比（%）""人口密度低

于每平方千米 0.7 万人的城市建设用地占比（％）"等指标反映城市土地利用效率、空间协调发展状况和土地资源可持续利用水平；指标"城市绿道服务半径覆盖率（％）""公园绿化活动场地服务半径覆盖率（％）"反映城市绿道建设的系统性、均好性及可达性，体现一个城市在绿色环境建设和居民综合服务便利方面的质量和水平；指标"城市生活污水集中收集率(％)""建筑垃圾资源化利用率（％）"等指标反映城市资源节约循环利用情况。

健康舒适：主要反映社区养老、托育、商业、卫生等服务设施供给能力、生活环境质量和绿色低碳建设水平，住房充足、均等程度和适老化改造情况，强调对城市人居环境的健康性和生活质量水平进行评估。2020 年城市体检指标体系中设立了 9 项二级指标，2021 年城市体检指标体系中设立了 9 项二级指标，2022 年城市体检指标体系中设立了 12 项二级指标。例如，指标"社区养老服务设施覆盖率（％）""社区托育服务设施覆盖率（％）"反映城市在养老、育儿服务设施建设方面的情况，体现一个城市对老年人和儿童的关爱情况；指标"完整居住社区覆盖率（％）""社区便民商业服务设施覆盖率（％）""人均体育场地面积（平方米每人）""既有住宅楼电梯加装率（％）"检验城市社区服务设施、社区管理、社区建设的基本情况，反映城市住房、教育、医疗、养老、公共文化、体育等公共服务设施的供给和建设管理及利用情况，能充分体现城市居住区设施的充分、均等、便捷程度、舒适程度和居住品质。

安全韧性：主要反映城市应对公共卫生事件、自然灾害、安全事故的风险防御水平、灾后快速恢复能力和城市智慧化建设水平。2020 年城市体检指标体系中设立了 8 项二级指标，2021 年城市体检指标体系中设立了 7 项二级指标，2022 年城市体检指标体系中设立了 12 项二级指标。例如，指标"人均避难场所有效避难面积（平方米每人）"反映城市在应对公共卫生事件、自然灾害、安全事故时，提供用于人员安全避难的避难住宿区及其配套应急设施场所的能力；指标"消除严重影响生产生活秩序的易涝积水点数量比例（％）""集中隔离房间储备比例（％）""城市标准消防站及小型普通消防站覆盖率（％）"衡量城市居住环境的安全性和生态韧性；指标"城市年自然灾害和安全事故死亡率（人每万人）"衡量城市对极端天气与可能发生的自然灾害的抵抗能力；指标"城市道路交通事故万车死亡率（人每万车）"衡量城市交通安全和社会治安管理能力水平。

交通便捷：主要反映城市快速干线交通、生活性集散交通和绿色慢行交通三个系统建设情况，检验城市交通系统整体水平以及公共交通的通达性和便利性。2020 年城市体检指标体系中设立了 5 项二级指标，2021 年城市体检指标体系中设立了 7 项二级指标，2022 年城市体检指标体系中设立了 6 项二级指标。例如，指标"轨道站点周边覆盖通勤比例（%）"反映市辖区内轨道交通站点周边 800 米范围内的出行通勤量占全部通勤的比重；指标"城市常住人口平均单程通勤时间（分钟）""通勤距离小于 5 千米的人口比例（%）"体现一个城市交通组织群众出行的时效性，衡量城市交通系统的便捷性；指标"专用自行车道密度（千米每平方千米）"衡量城市绿色出行水平。

风貌特色：主要反映城市风貌塑造，城市历史文化保护、传承和创新利用情况。2020 年城市体检指标体系中设立了 4 项二级指标，2021 年城市体检指标体系中设立了 6 项二级指标，2022 年城市体检指标体系中设立了 5 项二级指标。例如，指标"当年获得国际国内各类建筑奖、文化奖的项目数量（个）""万人城市文化建筑面积（平方米每万人）"反映城市风貌塑造和城市文化特色水平；指标"破坏历史风貌负面事件数量（个）""历史文化街区、历史建筑挂牌率（%）"综合反映城市在保护、利用、传承历史文化遗产方面的情况，体现管理者对历史文化资源的重视程度和对城市发展规律的认识水平，衡量城市历史文化遗产的保护工作力度。

整洁有序：主要反映城市的市容环境和综合管理水平。2020 年城市体检指标体系中设立了 5 项二级指标，2021 年和 2022 年城市体检指标体系中均设立了 6 项二级指标。例如，指标"门前责任区制度履约率（%）""街道立杆、空中线路规整性（%）"衡量城市街道和主要街区的综合管理水平；指标"街道车辆停放有序性（%）"反映道路停车管理情况，从一定程度上代表一个城市的精细化管理水平；指标"实施物业管理的住宅小区占比（%）"衡量社区治理水平。

多元包容：主要反映对城市老年人、儿童、新市民、青年人、残疾人、外来务工人员等不同人群的包容度，重点反映城市住房保障和设施服务程度。2020年、2021年和2022年城市体检指标体系中均设立了5项二级指标。例如，指标"道路无障碍设施建设率（%）""租住适当、安全、可承受住房的人口数量占比（%）"衡量城市不同年龄阶段、不同社会阶层人群享有社会公共服务和住房保障方面的公平性；指标"新市民、青年人保障性租赁住房覆盖率（%）"反映城市为新市民、青年人等群体提供住房保障的能力建设情况，体现一个城市满足不同社会群体对实现住有所居愿景的能力和水平。

创新活力：主要反映城市在转变开发建设方式、动员社会力量共同参与城市建设的情况，关注城市人口、经济、科技三大方面，衡量城市对青年劳动力、高素质人才、企业的吸引力度。2020年城市体检指标体系中设立了5项二级指标，2021年城市体检指标体系中设立了10项二级指标，2022年城市体检指标体系中设立了4项二级指标。例如，指标"旧房改造中，企业和居民参与率（%）""社区志愿者数量（人每万人）"反映城市建设从政府主导向政府、企业与居民共同参与转变的情况，体现城市政府是否真正实现城市开发建设方式转型。

新冠肺炎疫情防控专项体检：因为城市的组成要素复杂，人口聚集、资源密集以及人员交往频繁等特点，城市相较于农村面临着更多的社会风险和治理难度。自2020年新冠肺炎疫情暴发以来，城市成了最受疫情影响和主要防控的战场。长期化和常态化的疫情防控也是对城市建设管理能力和水平的全面挑战和检验。城市管理者需要采取一系列措施，包括加强应急管理、提高公共卫生水平、加强社区防控等，以应对疫情和其他社会风险。在"后疫情"时代背景下的城市体检，重点针对城市应急管理水平、健康街区建设水平、社区基层治理能力等方面进行重点评估和评价。将"应急场所数量（万个）""医疗设施密度（个每平方千米）""物流设施数量（万个）"等指标纳入城市体检专项指标体系。"应急场所数量"是指城市为突发公共卫生灾害做出的弹性用地建设，用于处理应急情况、体温监测、快递处理等问题。而"医疗设施密度"则不仅适用于日常看病，还可用于处理突发公共卫生状况下的传染病患者隔离和安置等问题。物流设施则反映了街区在突发公共卫生事件下调取物资的能力，发达的物流系统有助于提高街区的抗风险能力和健康水平。这三项指标均能反映城市对应急突发疫情的防控能力。

自建房安全专项整治专项体检：随着城镇化的快速发展，我国城乡房屋的保有量逐年增加，数量众多且种类繁多，涉及各行各业，情况复杂。近年来，这些房屋因年久失修而存在安全隐患，这些隐患的存在给安全管控带来了巨大的压力。湖南长沙"4·29"居民自建房倒塌事故是自建房安全隐患问题的典型事件，充分反映了自建房安全问题的严峻性。习近平总书记做出了重要指示，要对全国自建房安全进行专项整治，彻底排查隐患并及时解决，切实保障人民群众的生命财产安全和社会稳定。2022年5月，国务院办公厅印发了《全国自建房安全专项整治工作方案》，力争于2023年6月底前摸清所有自建房基本情况，用3年左右时间完成全部自建房安全隐患整治。将"已完成自建房安全排查行政村数量占比（%）"（指已完成自建房安全排查行政村数量占本级行政村总数量的比例）、"已完成整治的经营性房屋栋数（万栋）"等相关指标纳入城市体检的专项工作指标中，衡量自建房安全排查和整治的工作力度。

老旧管网改造专项体检：地下管网作为城市的"毛细血管"，支撑着市民日常生活的运转。城市供水、燃气、供热、排水等管网是保障城市运行的重要基础设施和"生命线"。随着城市发展，一些城市管网老化腐蚀且超过使用年限，合流制排水管网汛期溢流等问题逐渐凸显。近年来，国务院高度重视城市管网老化更新改造，国务院办公厅先后印发了《国务院办公厅关于全面推进城镇老旧小区改造工作的指导意见》和《国务院办公厅关于印发城市燃气管道等老化更新改造实施方案（2022—2025年）的通知》，国家发展改革委等多部门印发了《关于推进污水资源化利用的指导意见》，住房和城乡建设部等多部门印发了《关于进一步加强城市地下管线建设管理有关工作的通知》等文件，均明确要求加快推进老旧管网设施的更新改造。将"现状市政供水、供热和燃气老旧管网改造率（%）""雨污分流制排水管网占现状排水管网总量占比（%）"等相关指标纳入城市体检的专项工作指标中，衡量各城市老旧管网更新改造的工作力度。

地下综合管廊建设专项体检：随着城市的快速发展和人口的增加，地下管线的需求越来越大，但传统的敷设方式导致了很多问题，如城市道路的反复开挖，地下空间的争夺以及地下资源的浪费。地下综合管廊作为一种新型的城市基础设施，可以在城市地下集中敷设多种市政管线，包括电力、通信、广播电视、给水、排水、热力、燃气等。这种公共隧道可以高效地利用地下空间，解决"马路拉链""空中蜘蛛网"等问题，提高城市品质和韧性，使城市基础设施更加完善。2022年国务院政府工作报告中提出继续推进地下综合管廊建设，加快补齐地下基础设施短板的重要内容。建议将"城市新区新建道路综合管廊配建率（％）""城区建成综合管廊廊体长度（千米）"等指标纳入城市体检的专项工作指标中，衡量各城市对地下综合管廊的建设力度。

### 1.2.2.2　2023年，"四大维度"指标体系

2023年城市体检工作则在总结历年体检工作的经验基础上，结合城市建设发展形势的新变化、新要求，提出"坚持问题导向、坚持目标导向、坚持结果导向、主客观相结合"的整体工作要求，将城市体检单元细化到了住房、小区（社区）、街区、城区（城市）四个维度，采用61项具体体检指标项，围绕四个层次维度查找人居环境的短板与不足。通过城市体检从房子开始到小区、到社区、到城市，寻找人民群众身边的急难愁盼问题，查找影响城市竞争力、承载力和可持续发展的短板弱项，有针对性地提出整治举措，建立城市体检指导更新的工作机制。体检内容融合了住房和城乡建设部2023年度的重点工作，指标设置更加回归住建事权，注重住房和城市建设本身。如老旧小区改造、完整社区建设、保障性租赁住房、绿色建筑、住房保障、燃气安全、城市生命线、历史文化保护传承、园林绿化等方面。

住房维度主要反映住房居住安全耐久、建筑设备设施适合使用、建筑经济节能数字化提升等情况，共设立了10项指标。例如，指标"存在使用安全隐患的住宅数量（栋）""存在燃气安全隐患的住宅数量（栋）"等衡量

居住建筑的安全性和使用的耐久性水平；指标"存在管线管道破损的住宅数量（栋）""需要进行适老化改造的住宅数量（栋）"等指标反映居住建筑功能的完备程度，从一定程度上代表一个城市的居住舒适度水平；指标"需要进行节能改造的住宅数量（栋）""需要进行数字化改造的住宅数量（栋）"反映居住建筑的节能和数字化水平。

小区（社区）维度主要反映小区（社区）公共服务设施完善、居住环境宜居、社区管理健全等情况，共设立 11 项指标。例如，指标"未达标配建的幼儿园数量（个）""小学学位缺口数（个）""停车泊位缺口数（个）"反映小区（社区）公共服务设施配置水平；指标"未达标配建的公共活动场地数量（个）""不达标的步行道长度（千米）"衡量小区（社区）生活环境宜居水平；指标"未实施好物业管理的小区数量（个）""需要进行智慧化改造的小区数量（个）"衡量小区物业服务和智慧化管理水平。

街区维度主要反映生活服务品质、街区秩序、活力街区等管理情况，共设立 10 项指标。例如，指标"未达标配建的多功能运动场地数量（个）""公园绿化活动场地服务半径覆盖率（％）"衡量街区的公共服务功能完备程度和生活服务品质；指标"存在乱拉空中线路问题的道路数量（条）""存在乱停乱放车辆问题的道路数量（条）"衡量街区整洁有序的程度，一定程度上反映城市的精细化管理水平；指标"需要更新改造的老旧商业街区数量（个）""需要进行更新改造的老旧街区数量（个）"衡量城市特色活力的程度。

城区（城市）维度主要反映生态宜居、历史文化保护利用、产城融合职住平衡、安全韧性、智慧高效等五大方面情况，共设立 30 项指标。例如，指标"城市生活污水集中收集率（％）""绿道服务半径覆盖率（％）""人均公共文化设施面积（平方米每人）"反映城市生态宜居水平；指标"历史文化街区、历史建筑挂牌建档率（％）""历史文化资源遭受破坏的负面事件数（起）""擅自拆除历史文化街区内建筑物、构筑物的数量（栋）"衡量城市中历史文化传承和保护利用水平；指标"新市民、青年人保障性租赁住房覆盖率（％）""轨道站点周边覆盖通勤比例（％）"衡量城市产城融合水平和职住平衡水平；指标"城市排水防涝应急抢险能力（立方米每小时）""人均避难场所有效避难面积（平方米每人）"反映城市防洪排涝、应急避险等安全韧性管理水平；指标"市政管网管线智能化监测管理率（%）""城市信息模型（city information modeling，CIM）基础平台建设三维数据覆盖率（%）"衡量城市智慧化管理能力和水平。

## 1.2.3 工作步骤

2023 年，城市体检工作呈现了多层级、主客观、多专项三种发展趋势，对于城市体检工作执行与后续数据分析、成果展示，都提出了更高要求。

### 1.2.3.1 采集和处理数据

城市体检数据包含指标数据和社会满意度调查数据的采集。数据来源主要包括法定、官方的统计数据，各部门各行业的调查数据、空间数据、遥感数据、互联网大数据和社会调查数据等。除城区（城市）维度的数据采集主要以部门数据为主，住房、小区（社区）、街区三个维度将主要来源于街道、社区，通过实地调研、社区座谈、社会满意度调查等多种方式形成工作台账和调研表，获取一手数据。统计数据多采用较为权威和具有可比较性的数据来源，多出自中国和各省市统计年鉴、经济和人口普查数据、部门和企业调查数据、政府部门工作总结、工作报告和业务统计数据。空间和遥感数据主要包括第三次全国国土调查基础数据、航空影像数据、遥感卫星影像数据、在线地图兴趣点数据等。互联网大数据主要是指网络开源数据，主要包括手机信令数据、导航数据、交通平台监测数据、公共交通乘车数据（公交卡使用频次、站点刷卡频次）、游记数据、餐饮业和旅游业评分数据、地产中介商租售信息数据等。社会满意度调查数据主要通过抽样方法采集。社会调查数据主要来自线上居民社会满意度调查和线下居民社会满意度访谈所填报的问卷数据。

具体来看，住房、小区（社区）、街区等三个维度指标数据以社会调查数据为主，以各部门、各行业调查数据为辅，城区（城市）维度指标数据以各部门、各行业调查数据、空间和遥感数据、互联网大数据为主，以社会调查数据为辅。

城市自体检工作由各城市人民政府组织开展，体检评估工作中，调研调查工作比重大幅提升，需要开展大量线下调研，才能满足多层级、主客观和多专项的工作需求。数据多以政府部门官方的统计数据为主，其他方式采集到的数据进行辅助支撑和校核。鼓励通过多种方式进行数据的采集，确保基础指标数据的准确性；第三方城市体检工作由住房和城乡建设部组织第三方机构开展，数据多以开源统计数据为主，用采集到的政府统计数据进行辅助支撑和校核；社会满意度调查通过抽样完成居民社会满意度调查填写，采集线上问卷调查数据和线下访谈调查数据。社会满意度调查抽样人群以城区范围内的人群为主，年龄结构需与本城市人口结构接近，男女比例、职业结构和收入情况结构合理。

城市自体检、第三方城市体检、社会满意度调查均涉及不同类型的数据采集，任何方式采集的数据均需确保数据的科学性和真实性，共同支撑体检指标数据的计算评价。数据首先要进行必要的清洗、核实和校验，进行筛选和剔除，然后进行整合、分类和标准化处理，便于后续的指标计算与分析制图。

### 1.2.3.2　综合分析评价和编制体检报告

针对体检指标体系中需评估诊断的每一项指标，综合考虑国家和地方的法律法规、技术标准，城市自身的发展阶段、发展水平和社会满意度调查情况，通过单项指标、多指标综合、城市间横向对比和与往年结果对比等方式进行分析。对照城市体检指标体系中的评价标准，找出城市发展的弱项、短板，找准阻碍城市发展的"症结"。在第三方城市体检工作中，用各项评价指标对标其他城市，进行横向比较分析和排序，从而达到督促城市发展的作用。

各城市结合住房和城乡建设部开展的第三方体检结果及满意度问卷调查结果，编制城市体检报告。城市体检报告的编制应重点分析和评估住房、小区（社区）、街区 3 个维度 31 个指标的完成情况和城区维度 30 个指标的发展质量评价，城区维度围绕城市发展目标和年度重点任务，综合分析评价城市建设发展取得的成效，从生态宜居、产城融合—职住平衡、安全韧性、历史文化保护利用、智慧高效5个方面进行综合评价；重点就住房、小区（社区）、街区3个维度和城区5个方面的问题进行系统梳理，按照轻重缓解确定整治清单和责任单位，并提出解决老百姓急难愁盼问题的对策，城市建设补短板、提品质的措施和下一年度整改任务的目标及项目库，提升城市竞争力、承载力和可持续发展能力。

### 1.2.3.3  提出城市更新工作建议

为确保城市体检结果落地见效，城市体检报告应围绕城市更新行动实施，分析评价城市在优化布局、完善功能、提升品质、底线管控、提高效能、转变方式等方面的问题短板，使其成为编制城市更新五年规划和年度实施计划、确定更新项目的重要依据，综合提升城市更新项目决策合理化水平和资源投放精准度，用城市体检支撑城市高质量发展和精细化管理。

### 1.2.3.4  建设城市体检评估管理信息平台

城市体检评估管理信息平台是各级政府为推动城市体检评估工作，从而建立的一个"数据收集、指标分析、体检报告、社会调查、问题诊断"基础化、专业化、系统化的管理平台。通过采集、处理、分析、管理全部城市级体检数据，动态监测城市运行，诊断城市健康状态，提高城市建设管理的科学化、精细化与智能化水平。

城市体检评估管理信息平台分为国家级、省级、城市级三级。国家级评估管理信息平台以全国数据汇集、指标体系管理、各省和重点城市突出问题监测、工作进度跟踪和调度为重点，突出对全国城市体检评估工作全局统筹和管理功能；省级以上下传导、辖区内城市监测诊断、工作进度跟踪和调度为重点，突出对辖区范围内的城市体检评估工作的统筹和管理功能；城市级作为城市体检评估管理平台的数据基座，旨在本级城市体检范围内各项指标数据的采集与分析、城市发展态势的监测，突出对本级城市范围内的数据采集和辅助决策功能。

## 1.3  城市体检试点工作的实施进展与相关经验

### 1.3.1  国家层面试点实施进展与相关经验

#### 1.3.1.1  国家层面试点实施进展

2017年9月，住房和城乡建设部首次提出建立"一年一体检，五年一评估"的规划评估机制。2018年，住房和城乡建设部会同北京市率先开展城市体检评估工作，主要是对北京城市总体规划实施的体检，其指标体系的地域性和时效性很强。2019年，住房和城乡建设部选取了11个城市开展体检试点工作。2020年，扩大到36个样本城市，突出城市"防疫情、补短板、扩内需"的体检主题。这两年的体检工作以政府推动为主，逐步建立指标体系、评估机制等技术支撑制度，侧重于预防和诊断"城市病"，具有鲜明的"目标导向、问题导向、结果导向"的特点。2021年和2022年，又均将样本城市扩大至59个，扩大至直辖市、计划单列市、省会城市和部分设区城市，覆盖全国所有省（区、市）。2023年，住房和城乡建设部选择天津、唐山、沈阳、济南、宁波、安吉、景德镇、重庆、成都、哈密10个城市开展试点工作，聚焦完善城市体检指标体系、创新城市体检方式方法、强化城市体检成果应用等核心任务。

从国家层面来说，持续不断开展城市体检工作主要有以下几方面的目的：一是推动城市体检工作常态化，使之成为各级党委政府做好城市规划建设管理的一项重要工具，通过城市体检让各城市充分认识到发展中的优势和不足；二是横向、纵向综合对比城市建设情况，总结工作亮点和典型经验，为全国城镇化的发展、城市规划建设管理的政策制定和重点工作的开展提供支撑；三是通过横向对比和考核排名等方式激励和督促地方政府更好地开展城市规划建设管理工作，使其主动对标和对表，主动作为和提升，促进城市高质量发展。

### 1.3.1.2　2019 年全国城市体检试点实施进展与相关经验

2019 年 4 月，住房和城乡建设部下发关于开展城市体检试点工作的意见，选择沈阳、南京、厦门、广州、成都、福州、长沙、海口、西宁、景德镇、遂宁 11 个试点城市开展城市体检试点工作。试点范围基本涵盖我国不同地区、不同类型、不同规模的城市。

在体检工作内容方面，以顺应新时代城市发展理念和高质量发展要求为出发点，聚焦人民群众最关心的城市问题，从生态宜居、城市特色、交通便捷、生活舒适、多元包容、安全韧性、城市活力和城市人居环境满意度 8 个维度和"36+$N$（本地化体检指标）"项基本指标对城市开展体检工作，同步建立市级城市体检评估系统。

在体检工作组织方面，城市体检工作分为城市自体检、第三方体检、体检结果反馈三个环节，依次开展。由住房和城乡建设部统一工作部署，各试点城市成立由市委市政府主要负责同志担任组长的城市体检工作领导小组，下设城市体检试点工作领导小组办公室和专责小组，统筹领导全市城市体检工作。广州、长沙、西宁、景德镇 4 个试点城市还同步成立了专家工作组。各试点城市探索建立了不同模式的共建、共享、共治工作机制，如南京、沈阳、成都、西宁、景德镇、海口 6 个城市建立了"市—区"两级联动工作机制，广州、长沙、福州建立了"市—区—街道—社区"四级联动工作机制。沈阳市利用新媒体平台，邀请公众参与城市高质量发展问卷调查；广州市通过配额、网络、微信小程序的问卷调查和焦点小组会议等方式，动员市民参与和评价。

在体检工作结果方面，11 个试点城市的人居环境质量总体较好。

生态宜居方面，11 个试点城市总体的资源环境承载能力较强，多数城市开发强度较为适宜，中心城区人口和土地集约程度较高，同时也存在垃圾分类收集、垃圾处理等对人居环境造成较大影响的问题。

城市特色方面，11 个试点城市历史文化保护成效较明显，历史建筑活化利用不断得到加强，历史文化街区复兴利用效果好，文化旅游发展上取得较好的进展。例如，南京和成都历史建筑和传统民居保护完整性达到了100%，广州、福州、南京、长沙城市建成区内已公布历史建筑挂牌率达到了100%。但同时也存在部分历史文化街区维护利用不足，自然衰败状况和历史文化街区运营管理难度大、资金投入紧张等问题。

交通便捷方面，11个试点城市建成区路网密度和日常交通通畅水平正稳步提高，但公共交通出行分担率和慢行交通体系还待进一步提升，停车位供给矛盾突出，市民停车便利程度整体满意度偏低。

生活舒适方面，11个试点城市常住人口基本公共服务覆盖率和基本公共服务均等化水平较高，针对老年人、残疾人等不同城市群体的设施服务能力不断提升，15分钟社区生活服务圈全覆盖格局正在形成。但从城市人口分布来看，城市公共设施供给较为不均衡，优质公共服务供给紧张，外来人口、儿童、老年人差异化的需求未能得到充分满足，一定程度上影响了居民生活质量。

多元包容方面，11个试点城市整体水平均较差。城市无障碍公共设施覆盖率、最低生活保障占比和市民对养老设施、儿童活动场地、公租房建设等方面的满意度均处于较低水平。城市对残疾人、低收入群体友好度不够，城市多元包容性有待进一步提升。

安全韧性方面，11个试点城市万车死亡率已经达到或接近发达国家水平，社会治安防控能力在快速提升，社会治安环境明显好转，公众对城市安全满意度和生活安全感较高，应对极端天气与自然灾害的抵御能力也在不断加强，但还需进一步加强积水内涝治理和防灾避险设施建设。

城市活力方面，11个试点城市对青壮年人口和高素质人才的吸引力较强，民营经济增速较快，经济整体比较活跃。如广州城市14~35岁人口占比达44.82%，南京、沈阳和长沙城市新增就业人口中大学以上文化程度所占比例超过50%；景德镇民营经济占比达97.2%，民营经济新增比例均在8%以上。同时也存在中小城市活力不足、"创业氛围"不够浓厚和"人才引进政策"力度不足等问题。

社会满意度调查方面，居民对人居环境总体评价良好，满意度水平较高，人居环境建设成果得到居民普遍认可，总体评价平均得分为 72.8 分。从各分项得分来看，当前多元包容性和安全韧性是人居环境建设的短板，交通便捷性有待进一步提升。噪声污染、市民文化素质、非物质文化的传承等方面有待进一步加强。

### 1.3.1.3　2020 年全国城市体检试点实施进展与相关经验

2020 年 6 月，住房和城乡建设部下发关于支持开展 2020 年城市体检工作的函，选择天津、上海、重庆、广州、武汉、哈尔滨、沈阳、成都、南京、西安、长春、济南、杭州、大连、厦门、石家庄、太原、呼和浩特、合肥、福州、郑州、长沙、南宁、海口、昆明、贵阳、兰州、银川、西宁、乌鲁木齐、洛阳、衢州、赣州、景德镇、黄石、遂宁市 36 个样本城市开展城市体检工作。样本城市涵盖全国各省、自治区、直辖市。

在体检工作内容方面，以城市建设防疫情、补短板、扩内需为主题，按照突出重点、群众关切、数据可得的原则，从生态宜居、健康舒适、安全韧性、交通便捷、风貌特色、整洁有序、多元包容、创新活力 8 个维度和 50 项基本指标对城市开展体检工作。对 2019 年 8 个维度指标体系进行了适当调整，生活舒适、城市特色和城市活力分别调整为健康舒适、风貌特色和创新活力，新增了整洁有序指标维度和部分关于疫情防控城市建设的基础指标。

在体检工作组织方面，延续了 2019 年的城市自体检、第三方体检、体检结果反馈三个环节，但城市自体检与第三方城市体检同步开展，相互校核。社会满意度调查由各城市配合第三方体检机构统一通过微信小程序展开线上调查。较之 2019 年政府主导实施而言，2020 年城市体检工作更为强调高校、科研机构和学术组织的全面支撑。由清华大学中国城市研究院、中国科学院地理科学与资源研究所、中国城市规划设计研究院、中国城市规划协会等单位组成的第三方城市体检工作团队，参与城市体检工作。

在体检工作结果方面，36 个样本城市的人居环境质量总体较好。目前我国城市功能不断完善，人居环境得到改善，人民群众获得感、幸福感、安全感总体较强。

生态宜居方面，36 个样本城市超半数的城市空气质量优良、水环境质量得到改善、绿色建筑取得积极成效，居民对公园绿地等景观建设情况满意。如 22 个样本城市水环境质量指标达到了《"十三五"生态环境保护规划》目标要求，30 个样本城市新建绿色建筑占比达到了《建筑节能与绿色建筑发展"十三五"规划》目标要求。目前主要存在城市功能布局不均衡、中心区人口普遍过密、建成区开发强度高等问题，可能会带来疫情集聚和迅速传播的风险。

健康舒适方面，36 个样本城市社区便民服务设施不断完善，公共体育设施建设持续推进，但社区养老服务设施覆盖率均未达到国家要求；医疗服务设施布局不均衡，大型综合医院普遍集中在中心区，社区医疗设施不够，分诊能力不足；老旧小区比例较高，基础设施不完善，设施老化问题突出，达不到完整居住社区建设标准要求；城市高层建筑多，广州、重庆、西宁、福州的城市高层、高密度住宅占地面积超过 40%。

安全韧性方面，36 个样本城市安全形势和交通安全环境总体较好，万车交通死亡率均在 2 人以下。但部分城市人均避难场地建设不足，应急避难场所分布不均衡，灾害突发时，难以满足就近应急避难需求；城市防洪与排涝系统联动性不强，遭遇极端暴雨时，治理能力不足且易引发次生灾害。

交通便捷方面，36 个样本城市高峰期机动车平均车速基本达标，公交分担率均高于《城市公共交通"十三五"发展纲要》中 40% 以上的要求，上海、广州等城市高于伦敦、纽约等城市 5 个百分点以上。目前主要存在城市较为严重的职住分离现象导致的常住人口平均单程通勤时间长，路网密度偏低和停车供给矛盾突出等问题。

风貌特色方面，36 个样本城市历史文化名城保护力度持续增强，历史文化街区和历史建筑数量显著增加，居民对城市风貌特色评价较好。同时，也存在部分城市历史文化街区划定和历史建筑确定工作进展缓慢，历史文化保护对象不完整，忽视对整体格局、传统风貌保护的问题。

整洁有序方面，36 个样本城市生活垃圾处理工作取得积极进展，城市公厕建设管理不断加强，城市市容环境得到改善，其中，30 个样本城市被评为国家卫生城市。疫情期间，全国180多万名环卫职工投入城市道路和公共设施保洁消杀、生活垃圾收运处理等工作。目前主要存在市容市貌精细化管理和城市运行信息化管理水平不高、住宅小区实施专业化物业管理比例不高、地下市政基础设施管理薄弱等问题。城市垃圾和污水处理设施运行压力大，处理涉疫垃圾的能力不足，疫情防控和社会管理难度大。

多元包容方面，36个样本城市居民最低生活保障标准相对较高，均做到了住房保障方面的应保尽保，居民对城市多元包容情况总体满意，包容性评价值为80.5分。

创新活力方面，36个样本城市对人口的吸引力较强，上海、天津、广州、厦门、乌鲁木齐等城市常住人口与户籍人口比超过了140%；城市的社会研发投入高，西安和上海比《"十三五"国家科技创新规划》中要求的2.5%高出1.5个百分点；非公经济保持快速增长，增长率均超过了10%。

## 1.3.2 省级层面试点实施进展与相关经验

除全国层面的试点和样本城市的工作外，江西作为部省合作共建试点，走在全国城市体检工作的前列，积极探索在全省层面推进城市体检工作。省级层面城市体检工作侧重于结合省情和特点，探索制定省级顶层机制建设和技术把控内容，建立工作机制、传导体系、规范标准及规章制度，推动省、市两级双向联动工作模式。

### 1.3.2.1 江西省以县市全覆盖的城市体检推动部省共建城市高质量发展示范省建设

2021年，住房和城乡建设部、江西省人民政府签署了《建立城市体检评估机制推进城市高质量发展示范省建设合作框架协议》，共同制定了《建立城市体检评估机制推进城市高质量发展示范省建设实施方案》。以部省合作为契机，扎实推进城市体检工作和实施城市更新行动，2021年基本实现江西全省设区市城市体检工作全覆盖，2022年城市体检评估机制基本建立，

2023年城市体检评估机制全面建立，为全国城市体检积累经验、提供示范。江西省紧紧抓住部省共建重大机遇，建立城市体检评估机制，全力推进示范省建设，走出一条"双向发力，三位一体，四精推进"的革命老区城市高质量发展新路，为全国城市高质量发展提供"江西方案"，努力以更高标准打造美丽中国"江西样板"。

（1）全省范围内开展城市体检工作。

江西省在统筹全省城市体检工作实践方面做了全面的部署。制定了《江西省城市体检工作实施方案》，在抓好国家样本城市体检的同时，组织全省11个设区市开展城市体检，并探索向县一级延伸，每个设区市选择不少于1个县同步开展城市体检工作。安排3250万元支持市县开展城市体检，2021年率先在全国实现县级及以上城市全覆盖体检。制定了《江西省城市自体检工作技术指南》，明确城市自体检的工作流程、具体办法和成果应用要求，分级、分层构建具有江西特色、可评价、能考核的设区市"118+N"和县城"115+N"的自体检指标体系。组建省级城市体检专家库和技术团队，全程跟踪指导各地工作，提供技术支持，集中梳理全省城市体检报告，点对点向设区市出具分析报告。

（2）构建城市体检工作的成果转化机制。

坚持把城市体检、城市更新与城市功能品质提升有机结合，构建"以城市体检发现问题、以城市更新解决问题、以督查考核检验成效"的成果转化机制。坚持"体检先行"，加大体检成果在解决城市问题方面的实践应用，遵循城市体检评估路径制定城市更新实施方案，科学指导城市建设规划、年度建设计划及项目库方案编制。江西省结合城市体检工作，2020年梳理出城市功能与品质提升项目6403个，2021年谋划推进生态修复、功能完善、品质提升等6550个项目。

为了解决城市发展中出现的问题，加强公共服务和基础设施建设，提高居住社区质量。江西省加快老旧小区改造，提供更好的停车、照明、充电、快递等服务设施，并积极推进既有住宅加装电梯。2021年，江西省完成改造1277个小区，涉及42.42万户。同时，江西省批准了2628台既有住宅加装电梯的申请，正在施工 1365 台，完成加装 896 台。

（3）加强城市体检工作机制和长效机制建设。

住房和城乡建设部与江西省共同成立领导小组，召开领导小组会，印发实施方案，明确建立"一项机制"、实施"六大工程"、完成 22 项任务。住房和城乡建设部有关司局具体指导，江西省 21 个省直部门分工协作；省级层面以在全省部署开展城市功能与品质提升三年行动为基础，成立由省主要领导任组长的城市功能品质提升工作领导小组和城市高质量发展办公室；市县相应成立领导机构，组建工作专班，形成上下协同、统筹推进的工作机制。

同时，江西省建立了保障城市体检工作有效开展的长效机制。江西省委、省政府将城市体检、城市更新、城市功能品质提升纳入对市县经济社会高质量发展的考评，制定了城市功能与品质提升年度考核办法，建立"省督查市、市督查县""一季一调度、半年一督查"机制。在江西广播电视台专门开辟"美丽江西在行动"栏目，针对城市高质量发展工作，宣传典型、推广经验、曝光问题。

### 1.3.2.2 河北省以设区市全覆盖的"扩面、提质、增效"城市体检行动推动更新发展

2021 年，河北省成立河北省城市更新促进中心，承担全省城市设计、城市体检和城市更新方面工作，从体制机制方面统筹推进城市体检和城市更新工作。按照"四个一"（一套符合本地实际的特色指标体系、一份务实管用的体检报告、一个城市体检与城市更新有效联动模式、一个系统性的长效整改机制）的城市体检工作目标，陆续制定了城市体检工作导则、社会满意度调查指导手册等一系列指导性文件，形成了"一个导则、一个手册、一个细则、四个范本、五个标准"和"一表四单"（城市体检综合诊断表、城市发展优势清单、城市发展短板清单、"城市病"清单和城市更新项目清单），为市县城市体检提供全方位、深层次指导，规范市县城市体检工作成果转化。

（1）推动城市体检工作扩面，探索"城市体检 +"工作模式。

2021 年，河北省选择了 8 个试点城市。2022 年，河北省城市体检试点

城市扩大至设区市、县级市、省直管县、县城所有城市类型，共 39 个试点城市，实现设区市城市体检全覆盖。

结合河北省发展战略目标和高质量发展要求，增加民生工程重点工作相关指标及排水防涝、燃气安全等专项体检指标，形成"68 项住建部指标 +22 项河北特色指标"的体检指标体系。注重设区市、县级市差异，分类、分级设置体检指标，分级制定省级指标体系评价标准。同时，引导试点城市探索设置区级、街道级等延展体检指标，更好地发挥多级指标的适用性。如唐山市形成了"市—区—街道"三级体检指标体系。市级指标 108 项，全方位反映城市人居环境质量；区级指标 36 项，重点分析"城市病"根源和落实考核城建任务；街道级指标 25 项，关注城市居民现实生活需求面。

聚焦冀中南重点地区和沿海经济带，河北省积极探索"城市体检 + 信息平台 + 城市更新规划""城市体检 +8 个专项体检""城市体检 + 乡村建设评价""城市体检 + 国家园林县城创城"的同步推进模式，提升城市规划建设管理工作的互联互通水平，丰富城市体检工作的内涵。

（2）推动城市体检工作提质，分类、分级引导城市问题治理。

将城市体检问题指标归为建设项目、行动计划、规划办法等三类。如人均社区体育场地面积、公交站点覆盖率等问题指标，纳入建设项目，下年清零或显著改善；社区卫生服务中心门诊分担率、城市万人公交车拥有量等问题指标，列入行动计划，分时序、空间解决，通过试点推进逐步完成指标达标；单位 GDP 二氧化碳排放降低、地表水达到或好于Ⅲ类水体比例等问题指标，应出台相关政策和规划管理办法，系统和长期谋划解决。每类界定"全市、局部、轻微、低难度、中等、严重、高难度"等不同级别，提出对应的诊疗策略和方案。针对全市共性问题，加强考核；针对个性问题，逐一落实，挂账销号。针对自体检中发现的问题，能够马上改的要立行立改，能够近期解决的，要列入年度实施计划，不能近期解决的，系统谋划，要纳入城市更新规划。

围绕体检成果影响传播力、体检成果应用场景评价、体检成果转化途径、体检与城市更新衔接，定性定量相结合进行指标评价分析和区域比较分析，全方位反映体检成果转化情况，精准识别成效、问题和原因，提出对策和建议，确保成果落地见效。同时，促进城市信息平台建设。如唐山、石家庄搭建城市体检、城市更新信息平台，建立城市人居环境基础数据库，打通信息孤岛。

（3）推动城市体检工作增效，拓展城市体检成果转化应用。

通过城市体检，精准识别问题短板及空间分布，也可针对城市人居环境开展交通、绿地、公共服务等专项体检，为绿地系统、消防、教育、体育、综合交通等专项规划编制提供依据；结合社会满意度调查和体检成果，推动打通断头路、老旧小区改造等民生工程建设，切实解决老百姓的"急难愁盼"问题；坚持"无体检、不更新"，以城市体检结果为导向，形成城市更新项目清单，辅助划定更新单元，分类生成城市更新项目，制定年度实施计划，编制城市更新规划；将城市体检主要结论纳入政府工作报告。

## 1.3.3　市级层面试点实施进展与相关经验

### 1.3.3.1　北京市：以城市体检工作监测总体规划实施成效

2017年，习近平总书记在考察北京城市规划工作时提出了建立城市体检评估机制的指示；同年，《中共中央 国务院关于对<北京城市总体规划（2016年—2035年）>的批复》要求北京"建立城市体检评估机制"。2018年，北京市率先开展城市体检工作，采用自评估与第三方评估结合的工作模式，建立了"监测—诊断—预警—维护"的闭环工作体系和"一年一体检，五年一评估"的常态化机制，旨在对总体规划实施情况进行实时监测、定期评估、动态维护，确保总体规划确定的各项目标指标得到有序落实。

城市体检评估包含指标体系"一张表"、空间发展"一张图"、重点任务"一清单"、居民满意度"一调查"、体检大数据"一平台"5项核心内容。聚焦总体规划改革创新、重大变化要素设置体检必选专项，包含强化底线约束、减量发展转型、功能疏解重组、加强城市治理、人口与就业、两线三区等长期重点关注和持续跟踪的主题。结合政府工作主线设置可选专项，依据其中的重点行动、专项政策、大事件、投资建设取向等，梳理总体规划实施脉络。

借助城市空间基础信息平台和城市数据监测系统，建立一个数据资源体系，反映总体规划实施和城市管理运行情况，为进行城市体检评估提供数据支撑。评估采用多种技术方法，如定量与定性结合、主观与客观结合、问题与机理并重、全要素交叉分析等，建立市、区、街乡、区域的"三级一协同"体检层次，实现全方位、多维度的城市体检评估。

体检结果表明：总体规划实施 102 项重点工作任务进展顺利，97 项年度体检监测指标中 95 项按照总体规划确定的目标取得了较好进展。与此同时，在规划实施中还存在一些问题和短板，主要表现在既有总体规划实施开局时期出现的阶段性、过程性问题和城市发展全面转型过程中出现的结构性问题、趋势性预警问题，如在违法建设治理、物业管理、停车管理中暴露出来的精细化、人性化的管理和治理能力不足的问题。城市体检报告中诊断出来的主要问题纳入市委全会报告和市政府工作报告，支撑政府决策和实际工作运用。

### 1.3.3.2 广州市：以城市体检推动共建、共治、共享社会新格局构建

广州市以城市体检工作为契机，全面建立"以区为主、市区联动"的常态化工作机制，持续推进"城市病"治理，并结合疫情防控全力打造韧性城市、健康社区、安全住宅，系统提升城市规划建设管理水平，创新公众参与方式，形成全社会共建、共治、共享新格局，为广州打造"老城市新活力""四个出新出彩"提供有力支撑。

广州市设立领导小组办公室统筹城市体检工作，明确 25 个市直单位和 11 个区的责任分工。各区在"市城检办"的统一部署下，同步成立区级工作领导小组和"区城检办"，形成"市 - 区"两级城市体检工作机制。同时，积极发动街镇、社区参与进来。

广州市围绕生态宜居、健康舒适、安全韧性、交通便捷、风貌特色、整洁有序、多元包容、创新活力 8 个方面，分类细化，因地制宜，在住房和城

乡建设部下发指标体系的基础上增加消防救援、失业登记、写字楼空置率等特色指标，构建"50+11"项市级城市体检指标体系。在市级 61 项指标中筛选出 40 项作为区级体检的基础指标，结合资源禀赋和发展特色新增特色指标，构建"40+N"的区级指标体系。同时，广州市城市体检技术服务团队结合国内外相关案例，研究提出各指标评价标准，制定实施《广州市城市体检工作技术指南（2020 版）》，指导市、区两级城市体检工作，多角度、多维度诊断问题，精准把脉，对症下药。

广州市着力打造集"数据采集、动态更新、分析评估、预警治理"功能于一体，全市统一收集、统一管理、统一报送的综合性城市体检服务平台。指标支撑数据收集全面下沉到街道、社区和小区，广泛收集近五年各项指标相关数据。指标填报工作采用"线上为主，线下为辅"的模式，有效地实现全市 25 个部门在线联动报送数据和指标实时计算。以各部门数据为基础，广州市构建了城市体检全市"一张图"，分层、分级展示体检结果，与城市信息模型（CIM）平台、"穗智管"城市运行管理中枢实现数据共享、互联互通。

广州创新城市体检公众参与方式，形成全市动员、全民参与的良好局面。市、区两级针对不同的调查内容，分别开展满意度调查。市级层面在开展住房和城乡建设部要求的第三方满意度调查基础上，同步开展了城市问题专项治理成效调查。通过在全市人口相对集中的 35 个地段开展线下调查，对上一年度存在的"城市病"和城市问题开展"回头看"，了解市民对一年以来各项治理措施的满意度；区级层面围绕宜居、宜业、宜游三个方面，深入了解各街镇、各社区人民群众对城市人居环境的满意程度，回收问卷超过 21 万份。同时，面向 18 周岁以上的广州常住居民公开招募了 543 位"城市体检观察员"，作为定期衡量常住居民满意度的无偏观察样本，定期追踪、督办治理措施落实情况，推动建立常态化机制。

### 1.3.3.3 东莞市：以城市体检推动城市综合竞争力提升

东莞市作为广东省首批省级城市体检的试点城市，紧抓 2020 年省级城市体检试点契机，全面启动体检工作。以"找准问题、动态监测、联动治理、综合施策，以城市体检为抓手，提升城市综合竞争力"为工作目标，按照"找问题、显优势、补短板、促提升"工作思路，扎实推进城市体检，形成了具有东莞特色的城市体检工作成果和工作经验，助力"湾区都市、品质东莞"建设。

东莞市成立城市体检试点工作领导小组，整项城市体检工作共有 28 个市直部门、34 个镇街（园区）、500 多个村（社区）共同参与，采用线上线下多重手段融合的工作组织方式，做到部门协同、园镇配合、社区参与，全市体检全市做。

东莞市结合城市发展的特点、城市转型的痛点，综合考虑数据的可获取性、可操作性，对指标体系进行优化。在省 46 项指标基础上，优化调整 12 项基础指标，新增 5 项东莞特色指标和 6 项市内指标，重点反映东莞发展优势和特点、高品质民生建设、"拓空间"战略和城市安全保障等多个方面，形成具有东莞特色的"40+51C"城市体检指标体系。按照"二八定律"，在 57 项综合指标中，东莞市识别出对城市发展水平和政府工作重点具有高度指向性、时空延展性的 18 项重点指标，延展研究指标内涵与评估内容，后续进行持续跟踪、重点挖掘。此外，还研究确定了 30 项备选指标，确立了指标体系的动态更新机制。

在指标数据采集获取方面，东莞市采取技术统筹和组织统筹两种方式，双向统筹客观指标采集与主观满意度调查工作。技术统筹方面，为保障科学有效的数据采集与指标计算，一方面细化指标体系，将 57 个综合指标分解为 152 个分解指标项，明确每个综合指标和分解指标项对应的责任部门和填报部门，保障数据填报来源科学合理、部门责任分工清晰明确；另一方面，制定《2020 年东莞市城市体检数据采集及填报工作指引》《2020 东莞市城市体检社会满意度调查工作方案》等系列指引性文件，提供综合指标填报表、分解指标填报表等系列填报模板，明确数据采集填报的内容要求、报送流程、责任分工。

通过"基础分析—问题辨析—成因诊断—治理建议"四个步骤和客观指

标的地区横向对比、历史纵向对比、规划目标对比和规范标准对比等方式，深化指标评估。对有条件的重点指标进行空间化数据处理，加强空间评估；针对重点指标，延展指标内涵与节点精细评估，将指标数据进行叠加交叉分析，延展指标分析内容与内涵；运用互联网、大数据、人工智能等技术手段获取指标数据，校验与丰富常规行业统计数据的评估结果。在此基础上，针对重点指标和疑义指标，项目组会同有关职能部门就指标的评估结果、主要问题、产生根源、改善措施等进行多轮沟通、深入探讨。城市体检工作相关成果已纳入2021年东莞市政府工作报告，并将城市问题及其治理建议梳理形成一览表，落实到相关部门，推进部门边检边改。

### 1.3.3.4 济南市：以城市体检引领城市更新

2022年，济南深入开展城市体检工作，坚持以城市体检引领城市更新"泉城实践"，不断创新工作模式，全方位查找"城市病"。依据城市体检出来的问题，制定《济南市2022年城市体检问题工作任务清单》，有针对性地提出32项整改计划，形成158个整改建设项目。

通过城市体检，共计20余项城市问题指标得到明显改善，取得了良好的成效。针对高峰时期主要道路交通拥堵问题，济南市打通断头路，疏通瓶颈路，增加路网密度。2020年至2022年12月底，城市道路长度增至4794.2千米，路网密度从2020年的每平方千米4.35千米，增加到2022年的每平方千米6.04千米，有效缓解了交通拥堵；针对公园绿化活动场地服务半径覆盖率不足的问题，大力推进公园、绿道建设。2020年以来，济南市新建口袋公园、山体公园等348处，新增绿道558.4千米，形成"串点成线，线交成网"的公园绿道体系，生态环境持续改善；针对公共交通供给能力不能满足现阶段城市发展需求的问题，2022年，济南公交全年开通优化公交线路45条，填补公交线网空白41.7千米，新开通社区公交线路8条、定制公交线路122条，新建、改建公交场站10余处、公交站台70处，全面推动绿色出行，有效改善绿色交通出行结构，提升公共交通分担能力；针对完整社区覆盖不均衡的问题，不断补足配套设施短板，完善设施建设。截至

2022年底，济南市132个街道配建了137处街道综合养老服务设施，983个城市社区配建了1024处社区日间照料中心，建设12处养老服务站，城市社区养老服务设施在街道、社区一级实现了全覆盖。

济南市城市体检指标在结合住房和城乡建设部下发的年度城市体检基础指标体系的基础上，结合实际，逐年增加了"泉水喷涌率""供热燃气覆盖率""城市国际化发展指数""亲水岸线比例""公共建筑无障碍设施建设率""泉城书房等新型公共文化空间数量"等40余项泉城特色指标，并逐步建立起由5个子数据库组成的城市体检综合数据库。对城市体检的指标评价方法进行了进一步细化。建立底线指标加导向指标的指标分析技术体系，对评价标准进行优化；开展主客观交互分析，查找城市深层次问题；构建指标权重体系，明确问题治理的轻重缓急。除了市辖区的各项数据指标分析，济南还结合指标评估和社会调查中发现的突出问题、济南市城市建设重点工作、城市发展建设的热点问题，针对性开展重点行业的专项体检。包括公共停车场建设、无障碍环境建设、安全韧性三个重点行业的专项体检。2022年，济南市将长清区、章丘区、济阳区、莱芜区、钢城区纳入区级城市体检试点，推进精细化开展区级城市体检工作。为提升城市体检群众关注度，济南首创"一库两员一队"公众参与机制，组建了由"29名城市体检专家智库，25名城市体检观察员和815名市、区、街道、社区四级联络员组成的城市体检联络员"团队。

济南建立成果转化应用机制，将城市体检、城市更新有机结合。城市体检成果已成为编制年度政府工作报告、制定工作计划、辅助政府科学决策的重要参考。济南建立起了"形成问题清单—落实责任部门—制定任务清单—定期督导反馈"的闭环工作机制。例如，579百工集原功能为茶叶、旧货、建材、家具、花鸟鱼宠等的批发市场，建筑形式以旧市场为主。在城市体检中，发现该片区存在消防安全隐患、产能低下、风貌杂乱、交通拥堵、功能混杂等问题。为激发街区活力，2020年10月，历城区政府全面启动项目改造设计工作，消除了老建筑的结构安全、园区消防安全隐患，并更新改造了老旧厂房，更新后的百工集已成为休闲体验、生活美学、特色餐饮、潮玩娱乐共生的复合型文化商业片区，城市公共空间品质和街区活力得到了显著提升。

# 1.4 其他城市体检评估相关工作的探索

## 1.4.1 伦敦年度监测报告

在城市体检评估方面，伦敦一直处于国际领先水平。伦敦构建了立体监测机制和动态反馈机制，系统地监测国家规划政策、区域空间战略、地方发展框架等不同层面规划的制定和实施过程。针对区域空间战略和地方发展框架拟定年度监测报告，对在规划实施过程和正在运行中的项目进行评估，同时对项目在经济和社会发展领域带来的变化进行数据收集和监测。一般次年发布前一年的数据，同时提出下一年度要实施的政策及要建设的战略性公共基础设施。当原有规划与现行经济、社会背景不匹配或不协调时，可通过年度监测报告建立快速反应机制，从而保障地方发展框架规划文件制定的各个环节都能实施有效的监测，并使各个阶段的监测与"可持续评价/战略环境评估"保持协调。《伦敦规划年度监测报告》和《伦敦市年度监测报告》正是在这样的大背景下分别编制的"区域空间战略"和"地方发展框架"。

同时，国家层面为地方政府开展规划监测工作提供了一系列技术支持。制定《地方发展框架：优秀实践指引》等技术指引，对年度监测工作的内容、职责、流程、指标体系、审核标准等进行详细的规定；指导和协调地方规划监测工作的开展，建立各地区的横向评估交流机制；研发规划评估计算机工具箱和数据库系统，提高监测评估质量。

### 1.4.1.1 《伦敦规划年度监测报告》

自 2004 年第一版《伦敦规划》对外发布次年起，大伦敦管理局每年对《伦敦规划》的绩效指标实施情况进行监测评估，并向社会公布《伦敦规划年度监测报告》。《伦敦规划》是针对 1600 平方千米的大伦敦地区制定的综合性规划，主要包括经济、环境、交通和社会等方面的发展框架。该规划是为了确保地区未来 15~20 年的可持续发展而制定的，旨在为各区的地方规划和市长政策提供指导和参考，以确保它们与该规划保持一致。《伦敦规划年度监测报告》着重反映总体发展趋势和绩效目标实施情况，重点关注宏观战略发展方向是否按照既定轨道发展。围绕《伦敦规划》的关键绩效指标体系，构建自上而下、层次对应的年度监测指标体系，每年确定 20 余个核心指标对规划文件涉及的内容进行监测和评价。为保证监测指标的时效性，在国家和地区层面分别对评估指标进行定期检查和修订。

《伦敦规划年度监测报告》分为三个阶段进行：第一阶段包括 2005 年第一个报告至 2008 年第四个报告，对 2004 年版《伦敦规划》的 6 大战略目标和 25 项关键业绩指标进行监测；第二阶段包括 2009 年第五个报告至 2011 年第七个报告，对 2008 年版《伦敦规划》的 6 大战略目标和 28 项关键业绩指标进行监测；第三阶段包括 2012 年第八个报告至 2019 年第十五个报告，对 2011 年版《伦敦规划》的 6 大战略目标和 24 项关键业绩指标进行监测。这些监测报告对伦敦地区的总体规划实施情况进行了全面的记录和评估。

三个阶段的《伦敦规划年度监测报告》共评估了 15 种不同类型的指标，主要涵盖了集约用地、住房供应、城市就业、公共空间、办公潜力、绿色出行、生态环境、资源利用和历史遗产等方面。第三个阶段的监测报告除了对基本的城市发展指标进行监测，还新增了对城市生态环境和经济活力的动态监测。在三个阶段的年度监测报告中，关键业绩指标大致分为 14 种类型，包括集约用地、住房供应、城市就业、公共空间、办公潜力、市民健康、公共服务、经济活力、绿色出行、生态环境、资源利用、历史遗产、雨洪管理和贫困问题。在这 14 种类型中，集约用地、住房供应、城市就业和绿色出行四种类型在三个阶段中都被评估，第二阶段新增了市民健康和公共服务两种类型，而第三阶段则新增了经济活力类型的评估。

目前正在实施的《伦敦规划》于 2011 年发布，计划覆盖期限为 2011 年至 2031 年，旨在为未来 15~20 年的城市发展提供指导。2011 年发布的规划制定了六大战略目标，包括建设强大和包容的社区、充分利用土地、打造健康城市、提供所需住房、发展良好经济和提高效率和韧性。规划中还列出了121项具体实施措施和24项关键绩效指标，以衡量实施效果。2021年3月发布的第十六版年度监测报告延续了2011年以来的监测指标体系，重点关注2018年度的规划实施情况，对关键绩效指标进行了评估（表1-1）。

表1-1 第十六版年度监测报告关键绩效指标一览

| 序号 | 关键绩效指标 | 目标值 |
|---|---|---|
| 1 | 最大程度盘活存量用地 | 保持96%以上的新建住宅利用存量用地开发 |
| 2 | 优化住宅开发密度 | 超过95%的开发符合建筑密度分区和密度矩阵要求 |
| 3 | 避免开放空间减少 | 地方指定保护的开放空间不因城市发展而减少 |
| 4 | 增加新建住房供应量 | 年平均住宅净供应量至少为4.2万套 |
| 5 | 增加保障住房供应量 | 年平均保障住房供应量至少为1.7万套 |
| 6 | 减少健康不均衡 | 缩小伦敦贫富群体之间的寿命差距（按性别划分） |
| 7 | 维持经济活动 | 提高伦敦居民就业比例(2011—2031年) |
| 8 | 保障充足的办公市场开发能力 | 保持办公规划许可量至少为前三年平均值的3倍 |
| 9 | 保障充足的工业土地 | 根据工业SPG（补充规划导则，supplementary planning guidance）基准提供工业用地 |
| 10 | 保障伦敦外围地区的就业 | 伦敦外围地区就业量增长 |
| 11 | 增加弱势群体的就业机会 | 缩小少数族裔与白人的就业率差距，以及伦敦与其他地区单亲家庭的收入差距 |
| 12 | 改善社会基础设施并提供公共服务 | 减少小学班级人数 |
| 13 | 减少对私家车的依赖，实现可持续化的出行模式 | 公共交通出行增长率超过私家车出行增长率 |
| 14 | | 伦敦汽车交通量实现零增长 |
| 15 | | 自行车出行比例从2009年的2%提高到2026年的5% |
| 16 | | 水网客运和货运量增加50%(2011—2021年) |
| 17 | 提高PTAL（交通可达性等级，Public Transport Accessibility Level）高值地区的工作岗位数量 | 维持至少50%的B1用地（商业办公、轻工业发展等用地）在PTAL值为5~6的地区开发 |
| 18 | 保护生物栖息地 | 重要自然保护区不减少 |

| 序号 | 关键绩效指标 | 目标值 |
|---|---|---|
| 19 | 提高垃圾利用率，取消垃圾填埋 | 到 2015 年，废物回收／堆肥率达 45% 以上，到 2026 年，取消生物降解和废物填埋 |
| 20 | 减少开发中的二氧化碳排放 | 到 2016 年，住宅项目实现零碳排放，到 2019 年，全域实现零碳排放 |
| 21 | 提高可再生能源量 | 到 2026 年，可再生能源生产量达 8550 千兆瓦时 |
| 22 | 提升城市绿化率 | 增加 CAZ（中央活力区，Central Activities Zone）屋顶绿化总面积 |
| 23 | 改善伦敦的蓝带网络 | 2009 年至 2015 年恢复 15 千米的河流，到 2020 年再恢复 10 千米 |
| 24 | 保护和改善伦敦的遗产和公共领域 | 降低伦敦遗产名录中出现预警保护遗产的比例 |

大伦敦管理局领导建立了伦敦发展数据库，提供了可靠的数据支持，用于指标监测。各区政府和建设单位遵循该数据库的统一规划，并按不同的时间频率进行数据汇总，使数据始终具有动态性和及时性。数据种类随着社会发展而不断增加，其精度、广度和效度均保证了《伦敦规划年度监测报告》的权威性和严谨性。数据分析过程主要是通过多年数据的纵向比较来反映明显的趋势监测理念。《伦敦规划年度监测报告》是迄今为止最具影响力、最客观的规划评估范例之一。

### 1.4.1.2 《伦敦市年度监测报告》

《伦敦市年度监测报告》由伦敦市政府发布，对《伦敦市地方发展框架》下《核心战略》提出的战略目标、政策、指标实施策略的实施情况进行评估，重点关注各项规划安排是否按照预定时间节点完成，强调对实施结果全面、具体的监测要求。《伦敦市地方发展框架》是伦敦市地方发展规划文件的组成部分，其中详细载列城市规划政策方针，并通过地方发展计划制定时间表，明确实施各项目标举措的时间要求。《核心战略》相当于《大伦敦规划》和《伦敦市地方发展框架》下一层级的规划，是伦敦市确定城市空间发展重点，以及制定城市规划政策方针的核心依据。规划从写字楼开发、零售、住房、公用事业和基础设施、历史和文化环境等方面提出了实现空间发展战略的各项具体实施计划。

《核心战略》是伦敦市政府发布的核心规划文件，包括 5 个战略目标、22 项政策以及 84 项指标。伦敦市政府根据这个监测 / 实施框架，制定了《伦敦市年度监测报告》进行监测和评估。报告以战略目标、政策和监测指标为关键点展开监测，并包含了趋势分析结果、实施数据和绩效等信息。同时，报告还形成了核心指标实施绩效一览表，以清晰地展示各项指标的实施情况和责任主体。

每个指标的分析都包含六个步骤，即目标、背景、数据结果、分析评价、下一步和数据来源，并以小标题的形式清晰地呈现。每个指标的分析都采用多年数据的纵向分析和比较，同时也包含静态数据的分析和空间要素的图纸表达，使得指标分析更具有说服力。其中，"目标"与《核心战略》中的指标体系相衔接，用于明确评估内容，"背景""数据结果""数据来源"等则用于分析、监测目标的执行过程及状态。"分析评价"和"下一步"则是根据基础数据整理和分析后形成的绩效判断和下一年数据监测计划。

《伦敦市年度监测报告》同时也建立了一个动态反馈机制，如果评估结果显示实际发展情况超出了规划预期，可以用修改地方发展框架的某些部分或制定一个行动计划的方式来进行调整，而无需对整个规划进行修改。在2013 年以前，该报告通常以完整版本的形式按年度发布，2013 年以来，根据 22 项政策，该评估分为不同的专题进行评估，并不定期发布，以保证更好的时效性。

## 1.4.2　上海城市体征动态监测

2015 年，上海率先开展了城市体征动态监测，在数据采集技术创新与指标体系构建方面形成了一套可供借鉴的经验。立足于对城市日常状态的综合监测，从城市运行客观规律、需求和市民需求入手，研究构建超大城市运行体征体系。以实时的多维、多源、多态数据为基础和海量智能算法为支撑，实时监测、评估城市运行状态，对这座超大型城市的运行体征与态势进行全面感知和趋势智能预判。从而评估城市发展的重点问题，总结重要发展趋势，发现城市规律，辅助城市政府的日常管理，支撑核心的决策工作，为政策优化提供高效的工具支撑。

"城市体征动态监测"分为四个阶段：一是通过政务数据和社会大数据等多源原始数据的清洗，从不同维度设计基础指标，形成城市体征监测指数体系；二是基于单项指数，对城市各街道及社区进行初步的体检评价；三是针对各城市重点关注的、贴合民生的职住空间、产城融合、品质提升等专题，开展专题动态评估；四是建立决策优化模型，在政策措施单一场景或综合场景下，通过决策模拟模型提供城市相应要素变化后的结果模拟，从而实现量化比选和决策支持。

### 1.4.2.1 覆盖城市运行通用数据的监测指标体系

参考健康体检指标的构建形式，城市动态体征监测指数体系从城市活动、城市人口、城市运行、城市环境四个层面出发，构建了包含城市空间的属性、动力、压力、活力4个维度的一级指标、10个二级指标和27个三级指标，对城市用地、城市建设、城市人口、城市产业和城市出行进行体征诊断。通过属性指数把握区位特征，反映空间单元的土地、人口等基本属性和状态。动力指数偏重于挖掘禀赋动力，反映城市宜居水平、经济发展的势头及动力。压力指数主要用于监控运行状态，反映城市设施运行压力和城市拥挤程度。活力指数展示城市日常活动动态，反映城市内居住、商业、创新等活动与联系的动态情况。

基于多源数据和上海市房屋土地资源信息中心的数据优势，构建城市用地、城市建设、城市人口、城市产业和城市出行的多维指数。多维度的动态监测指标将城市运行过程中收集到的各类数据转化为可度量、可评价且能够与城市管理治理相结合的指标。指标分为规划国土基础指标、人口普查基础指标、经济普查基础指标、手机信令基础指标、出租车GPS基础指标、轨道刷卡基础指标和房屋价格基础指标7类。在单项指标监测的基础上，形成对城市各单一侧面的度量及评价，针对城市重点关注的专项问题开展专题动态监测。

2020 年 6 月，上海城市运行数字体征 1.0 版正式上线。该系统利用物联设备前端感知、云计算、大数据三项技术赋能超大城市精细化管理，并首次使用可视化大屏将"城市数字体征"的概念具象化，对城市生命体进行"24 小时 × 365 天"的全时智慧体检，是城市生命体运行的"智慧体检系统"。

该系统重点聚焦城市的自循环系统（如气象信息、土壤质量、水质安全、垃圾清运情况等）、聚焦城市中因人产生的流动指标（如车流、人流、物流、信息数据流、能源流等）、聚焦人的感受（如商业、旅游等社会生活指标，以及政务服务、民生服务等体现城市宜居、宜业水平的指标项），建设全域覆盖的城市运行神经元感知网络。依托遍布城市的数万台各类智能监测终端，每日采集包括地下管网（排水、供水、燃气、供热）、井盖、桥梁、隧道、轨道路基、建筑、边坡、河湖、历史保护建筑等在内的超过数千万条实时动态城市运行数据。每个时点的数据被采集、生成、上传，问题得到治理，对城市的生命体的感知正实现由量到质的转变。

### 1.4.2.2 推动智慧城市管理和开展民生智慧服务

为解决城市的综合性问题，如职住平衡和民生服务等，可以将问题分解并选取相应的单一动态监测指标进行分析。这可以提高城市动态体征监测指标整体应用的灵活性。以职住空间为例，可以通过对职住概念及其影响因素的深入梳理，构建职住空间分析指标体系，包括"区位特征、建成环境、人口特征、人群活动和通勤距离"五个维度。同时，针对就业活动的基础特征，可以构建"人群活动、建筑用途、岗位类型、就业效率、通勤活动、设施配套和区位空间"七个维度的就业空间分析指标体系。此外，采用机器学习方法对各空间单元进行居住空间聚类和就业空间聚类，可以识别各空间单元的多维标签特征。

通过政府决策带来城市运行数据的变化，形成动态监测指标的波动。通过模拟技术量化对比评估不同政策措施的影响。通过决策模拟模型，提供不同政策措施场景下城市相应要素变化后的影响结果模拟。通过调整指标进行案例场景设计，利用机器学习算法，模拟实际决策过程中各项决策可能造成的要素变化及指标变化。根据调整指标的数量，将评估政策对聚类特征影响的空间应用场景设计分为单一场景设计（即每次仅调整一个指标）及综合场景设计（即每次可调整多个指标）。从而形成从城市问题分析识别、影响因素特征学习到模拟评判的三个维度层次，实现从数据变化、监测指标变化、模型评价变化到提出新的政策实施建议的监测闭环。

上海市开发了城市空间单元画像系统，提供包括城市体征图谱、数据资源展示、监测指标解读、城市体征标签和空间单元画像的一套应用支撑；实现多源大数据的分层、分级展示与综合查询，基于空间单元对体征指标进行不同维度的测算和分级，形成对上海空间单元的初步认知。借助聚类算法和机器学习算法，从众多的单一动态监测指标中归纳城市各街道的特征及相似性，识别各个街道共性及独特性的特征，形成区位特征、建成环境、人口特征、人群活动、通勤特征等不同维度的多维标签，实现社区多维画像和动态体征诊断，辅助城市管理者直观掌握城市"细胞"（社区）健康状态，扩展城市认知维度，促进提升城市治理精细化水平。

上海城市运行数字体征在模型和算法的帮助下，通过"城市之声"（随申办APP、12345市民热线及委办局现有的各类热线、人民建议、网络热点等）、"城市之眼"（公共视频）、"城市之感"（遍布城市的各类物联感知设备）等主动发现手段，研判城市运行的趋势和规律，提前发现城市潜在的运行风险，精准给出预警信息并推送至相关单位，助推数字治理手段精细治城，实现资源统筹调度和高效协同。

# 1.5 中国城市体检发展的趋势与特点

## 1.5.1 构建面向治理的常态化城市体检机制

城市治理体系与治理能力现代化是新时期我国推动城市发展创新的重要举措。习近平总书记指出："要树立全周期管理意识，加快推动城市治理体系和治理能力现代化……要注重在科学化、精细化、智能化上下功夫……推动城市管理手段、管理模式、管理理念创新，让城市运转更聪明、更智慧。"城市体检制度体系的不断完善是推动我国城市治理体系和治理能力现代化提升的一个创新举措。

从住房和城乡建设部以及各地政府的实践案例来看，城市体检工作对应城市治理的各个层面，从国家层面聚焦国家战略，与国家的相关工作部署相一致；在城市层面聚焦城市规划实施过程中的阶段性问题和核心管控变量，为城市领导治理城市提供参考意见。在基层，城市体检工作下沉到街道社区，关注人民群众的感受，掌握社区治理的短板和老百姓的需求，进行指标体系构建和社会满意度调查，研究提升城市规划建设服务居民实际需求的能力。

城市体检工作不仅注重对城市发展的全周期、全过程进行监测和评估，而且越来越融入城市治理的工作中。针对城市发展阶段性特征，建立省、市、区多级传导的规范化城市体检工作机制，包括一年一次的城市体检和五年一次的城市体检评估，实现对城市发展的全面监测、全方位评估和快速反馈，促进城市治理工作的系统化和全场景运行。为了进一步完善城市治理能力和城市体检评估工作，还需建立长效的面向治理的城市体检评估机制。

## 1.5.2 构建面向操作的评估指标和信息平台

我国幅员辽阔，不同城市发展水平和所面临的问题各不相同，甚至彼此间的差别巨大。一个有效的城市体检，一定极具操作性。结合已有的实践案例来看，目标导向、问题导向和数据可获得性的城市体检指标体系是体检工作的核心，对各项指标进行全面收集和系统的量化评估是城市体检工作流程构建的关键步骤。

住房和城乡建设部近四年发布的城市体检指标体系，围绕国家战略目标趋向、城市发展问题导向和指标可操作性等方面，不断调整、优化和完善。结合各地发展实际，加强、拓展和延伸了自选指标，既有"规定动作"，又有"自选动作"，既强调底线思维的"基本指标"，也设置了符合不同城市特点的"推荐指标"，使得城市体检更具备可操作性。

除了构建合理、可操作性的指标体系，同时还要强化城市体检评估方法的科学性。例如，北京市尝试采用多层次、多维度、全要素、多主体、可验证的技术方法，以提高城市体检工作的质量。这种方法细化了数据层次，不仅涵盖了不同空间层级（如区域、市、区和街道/乡镇），而且还关注不同要素之间的关系，通过全要素交叉分析来考察城市发展要素之间的互动关系、匹配性和协调性。此外该方法还强调解决问题的能力，除了对全局数据进行分析，还会对典型案例进行解析，以挖掘问题背后的机理并提出解决方案。指标的选取和分析也基于历史维度、发展阶段和横向比较，以更有利于政策的制定。这种方法突出了人本观念，将市民切身的居住生活感受与数理分析的技术评价结论进行比较，以更好地服务于城市治理。

数据信息是城市体检工作的基础，尤其是在常态化的年度体检中，数据信息一定要具备连续性、可获取性和可比性。各地在城市体检数据信息平台建设方面进行了诸多的探索。如北京市依托市统计局，建立了"北京市城市体检评估数据采集平台"，将117项指标分解到33个责任部门，在每年的3月底完成上一年度的指标报送，报送工作已经形成了一项制度。在各区各部门报送数据信息的基础上，结合国民经济社会发展数据、规划实施管理数据、地理国情普查数据和城市运行大数据，形成了市级与区级、整体概况与精细调研、传统数据与开源数据相互补充、反复校核的数据库；上海市依托建立的城市运行数字体征，整合多种资源，推动多个部门协调联动，实时、智能、精准地监测城市运行，为城市体检工作和智慧城市建设打下坚实基础。为提高对城市问题诊断的精准性，城市体检工作还需进一步优化城市体检技术方法，强化信息技术支撑，搭建一个准确权威、稳定高效、多源开放的年度城市体检监测数据平台。

### 1.5.3 构建面向共识的多元共治评估路径

随着新发展理念和发展阶段的到来，城市工作已经从过去重点关注硬件设施建设，如城市公共服务、道路交通、市政公用等，转向关注软环境营造、城市治理和更新，即以人民为核心。城市治理和更新已不仅局限于政府的正式结构，而且涉及公共和私人行动者之间的互动，需要政府在承认和提高各个治理主体的地位的同时，根据他们在各个领域的优势充分发挥功能的空间，以分工合作的机制为基础，建立城市治理和更新的整体。

城市体检工作是一项全方位工作，构建了一套多元主体参与的机制，以政府为主导，其他各主体参与到城市体检的监督、评价、回应工作中来，形成合作共治的体检管理体制。从城市治理和城市更新的视角出发，城市体检工作密切关注人民群众日益增长的物质文化需要，提出"城市－区县－街道"多个层次的系统评估，关注城市幸福指数、城市宜居指数、公众满意度等重要指标。例如，广州市、区两级针对不同的调查内容分别开展满意度调查，招募了城市体检观察员进行社会满意度调查，探索建立全社会共建、共治、共享的常态化工作机制新路径。同时，面向市民持续开展满意度的跟踪调查工作，将社会满意度评价报告纳入城市体检工作成果体系，为人民群众有序参与城市治理提供平台。

为推动城市多元化的共治共评，城市体检工作还需进一步建立城市体检评估工作专班协作机制和基层群众广泛参与的工作机制，构建达成汇集各方共识的成果形成机制。各部门应加强协调，充分考虑管理权限和基层群众需求，将改善城市人居环境和促进城市高质量发展工作落实到街道、社区。同时，在统计数据和特色指标的选择方面需要持续沟通和达成共识，以便后续为体检评估结果的应用提供有可靠的基础。

## 1.5.4 构建面向应用的城市体检评估成果

城市体检是一种评估城市人居环境各个方面的实用方法。该方法通过利用城市各类数据，如民生问题和城市运营维护问题相关的数据等，使用城市管理系统、大数据分析和居民监督等手段，提升城市的管理水平，及时解决城市暴露出的问题，以使城市能够持续地健康发展。城市体检的覆盖范围包括生态宜居、健康舒适、安全韧性、交通便捷、风貌特色、整洁有序、多元包容、创新活力等方面。

目前，各地政府组织编制年度城市体检报告作为城市体检工作成果，同时，通过建设省级和市级城市体检评估信息平台对接国家级城市体检评估信息平台，加强城市体检数据管理、综合评价和监测预警。年度城市体检报告作为编制"十四五"城市建设相关规划、城市建设年度计划和建设项目清单的重要依据。例如，北京城市体检是一种针对不同报告对象的检测方法，重点内容和形式也因此不同。市委市政府通过城市体检来治理城市，根据体检反映的问题，市委常委会、市委全会和首都规划委员会全会提出下一步的工作要求，为政府精准施策提供支持。城市体检成果将成为各区、各部门以及领导干部绩效考核的重要依据。

城市体检工作作为一种新生的管理手段，相关的技术性研究仍在不断完善中，特别是城市体检成果在管理工作中的应用还需要不断地开拓和深化。城市体检工作还需进一步加强城市体检成果转化应用，建立体检成果纳入绩效考核机制及为决策提供参考的成果应用机制。

# 新时期城市更新的重要任务与工作体系

## 2.1 城市更新成为未来城市发展 主要模式

### 2.1.1 城市更新的内涵

对城市更新的内涵和定义，目前学界尚在讨论当中，但普遍的观点是，城市更新是一种针对城市中存在的不适应现代城市社会生活的区域进行必要和有计划的改建活动。城市更新伴随着城市发展的全过程，并在1958年的第一次城市更新研讨会上得到了有关说明。城市更新涵盖了对建筑物、周围环境以及生活活动的各种期望和不满，包括房屋修理改造，街道公园等绿地和不良住宅区等环境的改善，以创造舒适的生活环境和美丽的城市形象。因此，城市更新包括所有这些城市建设活动。

总的来讲，城市更新是用一种综合的、整体性的观念和行为解决各类城市问题，在经济、社会、物质环境等各方面做出长远可持续的改善和提高，这是一个基本的世界上的认识。当然，城市更新不仅包括物质形态更新，还应包括发展理念更新、治理体系更新、治理思路更新、建设模式更新等多个方面的内涵。

#### 2.1.1.1 城市发展理念更新

将创新、协调、绿色、开放、共享的新发展理念贯穿实施城市更新行动的全过程和各方面，认识、尊重、顺应城市发展规律，敬畏历史、敬畏文化、敬畏生态，坚持城市建设与自然生态环境相协调，坚持人文环境与自然生态环境相辉映，坚持城市建设与社会人文环境相融合，打造宜居、绿色、智慧、韧性、人文的城市。

### 2.1.1.2　城市治理体系更新

把城市作为"有机生命体"，提升城市精细化、智能化治理水平，建立完善城市规划建设管理体制机制，完善城市体检机制，统筹城市规划建设管理，系统治理"城市病"等突出问题，实现城市治理体系和治理能力现代化。

### 2.1.1.3　城市治理思路更新

以系统思维为导向，把城市作为巨型复杂系统来统筹安排各方面的工作，推进产业服务与城市更新协同发展，促进资本、土地等要素资源优化配置，从源头上转变经济发展方式，激发城市创新潜能，促进城市全生命周期的可持续发展。

### 2.1.1.4　城市建设模式更新

创新城市建设投融资模式，推动多元参与，整合各类资源，调动各方力量，支持社会资本参与城市建设项目，从以项目为导向的工作方式，转向以规划为导向的工作方式，不断增强城市的整体性、系统性、生长性，提高城市的承载力、宜居性、包容度。

## 2.1.2　城市更新的目标

2020年12月29日，湖北省委书记王蒙徽（时任住房和城乡建设部部长）在《人民日报》发表署名文章《实施城市更新行动》，归纳了城市更新的总体目标是"建设宜居城市、绿色城市、韧性城市、智慧城市、人文城市，不断提升城市人居环境质量、人民生活质量、城市竞争力，走出一条中国特色城市发展道路"。

我们可以理解为三个维度的目标：城市经济更有活力，社会更加和谐包容，城市环境更可持续。一是城市经济更有活力：城市规模、空间布局和结构更加合理有效，城市用地功能和结构与产业升级相适应；资源得到优化配置，土地利用和产出效率更高，财政税收更加稳健持续；功能更加完善、形象环境更加美观、城市资产价值得到提升。二是社会更加和谐包容：保护和延续城市历史文脉；推进公共资源的共建共享；构建邻里网络、建设完整社区，推进社会和谐包容发展。三是城市环境更可持续：从生态格局、生态环境和生态景观等层次进行更新修复，改善生态环境质量；为公共空间注入新的活力，进行人文价值叠加，打造多元人文空间；通过生态低碳模式推广，实现建筑的生态化、绿色化和智能化，发展便捷低碳的交通模式。

## 2.1.3　城市更新对城市发展的意义

城市在我国的经济、政治、文化、社会等方面扮演着重要角色，是新发展理念的实践载体和新发展格局的支点。通过实施城市更新行动，优化城市结构、提高城市品质、转变城市建设方式，可以全面提升城市发展质量，满足人民日益增长的美好生活需要，促进经济社会的健康可持续发展，具有重要而深远的意义。

### 2.1.3.1　通过城市更新行动，转变城市开发建设模式

随着我国经济发展进入高质量发展阶段，传统的城市开发建设方式已经无法满足市场需求。为了更好地提高城市品质和推动城市发展，我们需要实施城市更新行动，从以房地产为主的扩张型发展方式转向以城市品质为中心的提质改造方式。这样做有助于优化和重新配置资本、土地等要素，以适应市场规律和国家发展需求。

### 2.1.3.2 通过城市更新行动，补短板、强弱项，重构城市新功能

在我国经济高速发展和城镇化快速推进的背景下，城市规划建设管理问题十分突出，城市整体性、系统性、宜居性、包容性和生长性存在缺陷，人居环境质量不高，一些大城市面临着各种问题。从2020年城市体检情况来看，城市发展存在中心区人口过密、功能布局不平衡、社区基础设施和公共服务设施相对不足、历史文化保护不够到位、精细化管理水平有待提高、应对风险的韧性不足等问题。因此，实施城市更新行动，应聚焦重点、解决短板、

发挥优势，着力解决城市面临的重大问题，同时加强基础设施和公共服务设施建设，注重历史文化保护，强化城市风貌管控，协调好更新与社会治理的关系，积极引入新兴产业和业态，推进智慧城市建设，促进城市发展结构优化，完善城市功能，提升城市品质和治理水平。

### 2.1.3.3　通过城市更新行动，助力城市绿色低碳转型

实现碳达峰、碳中和目标，既是我国积极应对气候变化、推动构建人类命运共同体的责任担当，也是我国贯彻新发展理念、推动高质量发展的必然要求。城市占地面积约占地球表面积的 2%，城市人口占世界总人口的 50%，创造着全球 80% 以上的 GDP，消耗着全球 85% 的资源和能源，也排放出 85% 的废物和二氧化碳。可见，城市更新已成为落实碳达峰、碳中和目标的关键路径。城市更新将切实贯彻落实新发展理念，将绿色低碳理念和元素贯穿于城市更新的全过程。推动既有建筑绿色化改造，在提升居民居住水平的同时，提高建筑的能源使用效率；在城市更新中增加绿地公园、绿色环保设施，扩展城市绿色生态生活空间；优化、整合各类社区建设标准，打造面向碳中和的绿色低碳居住社区。

## 2.1.4　城市更新的分类与运作方式

城市更新概念内涵很广，包括多种更新方式，可以组合成各种各样的表现形式。在实际的城市更新项目中，一般可以按改造程度、更新的收益性划分等进行分类，不同类型的城市更新项目会根据实际情况选择不同的运作方式。

### 2.1.4.1　按改造程度划分

按照城市更新的改造程度划分，改造方式可分为综合整治类、改建完善类和拆除重建类。

（1）综合整治类。

综合整治类项目是指不涉及房屋结构的拆除、改造，主要对房屋的配套

设施和周边环境进行整治、更新。从定义来看，综合整治类项目是三种改造类型中力度最弱的一项，以消除安全隐患、完善现状功能等为目的，一般不增加建筑面积。从具体案例来看，老旧小区改造、河道整治、公园再生等都属于此类。如北京通州九棵树街道云景里老旧小区综合整治项目，改造工程包含云景里小区综合整治工程，包含上下水管道和窗户改造、加装电梯等。

（2）改建完善类。

改建完善类项目主要对于基础设施和公共服务设施等级较低或缺失、无法满足城市发展需求、原有用地性质或权属需要变更、确需改变建筑使用功能或土地利用效率较低且不符合集约使用原则的片区，在维持现状建设格局基本不变的前提下，采取改建、加建、扩建、局部拆除、改变功能等一种或者多种措施，对片区进行改建完善。房地产企业可以通过项目改造或运营的方式参与投资建设，改造后的项目可以进行商业地产运营。如山东潍坊的美丽街景智慧公厕提升项目，为了解决中心城区公厕数量偏少、分布不均衡、市民如厕难的问题，设计出数十座智慧型的美丽街景智慧公厕，成为城市建设美丽的风景线。

（3）拆除重建类。

拆除重建类项目是指对于存在严重安全隐患、权利主体意愿强烈、建筑年久失修、属于棚户区和城中村、严重影响城市整体发展格局的片区，通过整治提升或改建完善均无法满足城市发展需要的，拆除全部或大部分原有建筑，并按照规划进行重新建设。拆除重建类项目投资与综合整治类、改建完善类项目投资相比，力度最大，房企参与程度最高。如深圳市大冲村旧村改造项目，改造的定位是改造成高新技术产业发展的后勤服务基地。整体改造面积达68.5万平方米，改造后的平均容积率为2.71，改造产出除了规划一般居住、公寓，更增加相关的商业、文化、娱乐及部分研发孵化和专业展场等多项功能。

### 2.1.4.2　按项目收益性划分

按照城市更新项目收益性划分，改造项目可分为非经营性项目、准经营性项目、经营性项目。

（1）非经营性项目。

非经营性项目不具备经营性收入，属于纯公益性项目。一般此类项目是以政府部门主导，利用财政资金直接投资。典型的此类项目有老旧小区改造项目、环境综合整治项目，具体内容包括"改善消防设施、改善基础设施和公共服务设施、改善沿街立面、环境整治和既有建筑节能改造"等，项目提供的产品是不能向使用者收费的公共产品。

由于目前地方政府财力紧张，无力筹集大量资金投入此类项目，因此往往通过给项目匹配外部资源的方式，增加捆绑后项目获得经营性收入的能力，提升项目的可融资性，吸引社会投资人的加入，在完成项目落地实施的同时也能达到缓解财政压力的目的。

（2）准经营性项目。

准经营性项目具备一定的经营性收入，但收入不足以覆盖项目前期投资，需要地方政府提供一定资源用于投资平衡。具体项目类型包括公用工程和公共服务设施的新建改造、历史文化街区保护、新型城镇基础设施建设等。此类项目提供的产品为准公共性产品、公共产品和私人产品的组合，但以前两者为主。

准经营性的城市更新项目是介于完全市场化和完全公益化之间的，是目前推广的城市更新项目的主流。此类项目投融资方式多样化，包括平台公司融资、地方政府专项债、PPP模式（政府和社会资本合作模式）等各类政企合作模式。在实践中，此类项目往往是非经营性项目和经营性项目的组合。比如将老旧小区改造提升项目范围内的基础设施的改善和公共服务设施（带有收益性）的加建附属设施需求进行打包组合，在项目进入运营阶段时，允许实施主体通过可经营的饮用水供应、生活污水处理、物业运营收入、商业（商铺）运营等方式获得经营性收入，以此收回项目前期投资，不足部分采用财政资金补贴的方式进行弥补。

（3）经营性项目。

经营性项目具备经营性收入，且经营性收入可以覆盖项目的前期投资，即所谓的"自平衡"项目。此类项目中，地方政府不直接参与项目投资经营，而是通过制度确保公共利益得到维护。例如通过制定规划条例约定开发强度、公益设施的比例，通过土地出让条件确保投资人给予原住民补偿等。此类典型的项目包括广东"三旧改造"类项目，项目产出以私人产品为主，公共产品为辅。

经营性城市更新项目的主要投资方式包括 PPP 模式、社会主体自主开发等。对于地方政府而言，经营性的城市更新项目不仅能缓解财政资金压力，而且通过引入社会投资人，激活市场主体的活力，借用其专业的技术及雄厚资金的实力，有力地推进项目实施。对社会投资人而言，经营性城市更新项目收益长期而稳定，可融资性强，是参与城市开发的重要途径。

从近年的发展来看，城市更新项目总体运作方式呈现出参与主体从政府大包大揽逐步演变为政府主导背景下的多方共谋；改造模式从大拆大建逐步演变为因地制宜的拆、改、留、修、保多元举措；更新方向从政府制定更新计划自上而下、层层分解的供给模式，逐渐演变为统筹方、权益人业主社区团体等可自发申请更新的供需双向模式；更新目标从单纯的增加人均住房面积，提供城市发展用地，逐步演变为多维度促进城市产业及活力增长的全面综合发展。

## 2.1.5 城市更新的发展历程

现代意义的城市更新概念源于二战后西方国家的城市改造运动，一直伴随欧美城市的整个城镇化阶段，至今已经走过半个多世纪，更新内容涉及居住区、工业区、公共空间、城市历史地区等。

### 2.1.5.1 国外城市更新发展历程

中国的城市化发展相对于西方较晚，西方城市则经历了半个多世纪的城市更新历史。在这个历史过程中，不同的城市和历史阶段使用的相关术语也发生了一系列的演变，从城市重建、城市再开发、城市复兴到城市再生，涵盖了各种不同的更新理念与侧重点。总的来说，西方城市更新的历程可分为四个阶段：二战后至 20 世纪 60 年代初、20 世纪 60 年代至 20 世纪 70 年代、20 世纪 80 年代至 20 世纪 90 年代、20 世纪 90 年代以后。

（1）二战后至 20 世纪 60 年代初：大规模重建阶段。

二战后，战争的破坏与城市经济的快速发展，使人们越来越不满意城市的居住条件，城市内部问题也日益突出。政府出于提高城市中心区土地利用效率和住房质量，开始实施清除贫民窟的行动，采用大规模的推倒重建方式来修整住宅和复兴中心区。英国在 20 世纪 30 年代采用了"建造独院住宅法"和"最低标准住房"的方法来改善贫困阶层的住房条件，美国则受到赖特"广亩城市"思想的影响，加上高速公路的建设和汽车的普及，导致人口外迁和城市中心区的衰败。为解决住房危机，法国在二战后推出"促进住房建设量"的住房政策，主要表现为对城市衰败地区的推倒重建。这一阶段城市更新的主要特点是推倒重建，从而提高城市物质空间形象，但也导致了城市原有特色建筑物、城市空间和肌理以及承载的地方文化逐渐消失。

（2）20 世纪 60 年代至 20 世纪 70 年代：社区福利更新阶段。

在 20 世纪 60 年代，西方国家的经济繁荣使得人们开始更加关注公共服务、社会公平和公共福利。前期的城市重建虽然改善了城市物质环境，但也带来了社会冲突、贫穷和犯罪等问题。受到凯恩斯主义和雅各布斯等学者的影响，政府开始实施公共住房计划，作为城市治理的一项重要手段。英国政府开始采取内城更新和社区改善规划，以促进城市的复兴与发展。美国成立了住房与都市发展署，并实施小规模的邻里复兴计划来取代原来的大规模改造计划。法国开始注重城市管理，出台城市基础设施建设与开发规划的法律和条例。在 20 世纪 70 年代，经济危机引发了对城市环境改善的需求，城市更新的重点转向了城市内城经济复兴、住区环境治理和基础设施建设。政府加强基础设施建设并提高城市环境质量，这对社会问题愈演愈烈的局面有所缓解。

（3）20 世纪 80 年代至 20 世纪 90 年代：公私合作更新阶段。

在 20 世纪 80 年代，西方国家受到全球经济下滑的影响，城市发展受到很大的影响。英国和美国开始推崇自由市场主导的城市更新模式，城市更新从政府主导的社区重建转变为以地产开发为主的旧城开发。政府与私人投资的合作是城市更新的显著特点。英国的城市更新政策采用自由市场主导的开发模式，城市沦为空间生产的工具，而美国的城市更新则趋向于以中心区商业复兴为主。法国政府开始限制和管理城市用地规划文件，建立公共部门并制定法律法规，以保障城市更新资金来源，并关注居民的生活质量、基础设施配套与服务水平、困难城市街区复兴、公共空间建设等大众公共利益的建设项目。在这一阶段，西方国家的城市更新借助政府出台政策激励和控制市场，以及私人部门在旧城区进行商业性质的开发，以促进旧城经济复苏。

（4）20世纪90年代以后：城市综合更新阶段。

进入20世纪90年代后，人们意识到城市更新需要从多个方面综合考虑，包括社会文化、经济发展和物质环境等方面。以"以人为本"和可持续发展为理念，城市更新的目标从单一的经济振兴转变为多目标的综合性更新。公众也开始参与社区更新，并与政府和私人部门形成合作关系。英国提出了区域更新的概念，将社会、经济和环境等纳入更新决策中。美国城市更新也从商业性质的振兴经济转变为以经济、环境和社会等多个目标为导向的更新。各州开始反思更新政策的方向，并出台政策维护公平，平衡公共利益和投资利润。法国则注重保护性更新，侧重对历史悠久的城市进行旧区活化再利用，居民参与城市更新成为显著特征。综合性和整体性的思想被提出，用于解决城市物质环境、经济发展、历史文化以及社会隔离等方面的问题。城市更新目标变得更加广泛，趋向于小规模的渐进式改建和邻里更新，参与主体也更加多元化。

### 2.1.5.2 国内城市更新发展历程

国内城市更新主要经历了战后重建、旧房改造、旧区再开发、有机更新四个阶段，大规模的城市更新始于改革开放以后。在社会不同发展时期的历史、经济和体制力量的多重交织、相互作用下，城市更新的目标、内容呈阶段性特征。

（1）1949 年—1977 年：战后重建阶段。

在新中国成立初期，我国城市居民聚居区建设水平较低、基础设施落后，整体经济水平也比较低。中央政府在 1953 年提出了第一个五年计划，将城市建设重点放在了"变消费城市为生产城市"和"城市建设为生产服务、为劳动人民服务"方面。城市建设资金主要用于发展生产和新工业区的建设，对旧城区则采取了"充分利用，逐步改造"的政策。这一阶段的城市更新主要集中在改善城市基本环境卫生和生活条件，如改造棚户区、危房和简屋等，资金主要由政府财政支持，但财政相对紧张。这一时期的城市更新主要目标是提高城市居民的生活条件和城市的环境卫生水平。

（2）1978 年—1989 年：旧房改造阶段。

自改革开放以来，随着国民经济的逐步复苏，城市建设步伐逐渐加快，城市更新也成为当时城市建设的重要组成部分。十一届三中全会于 1978 年3 月提出对国家的经济体制进行改革，这种社会经济环境的变化为城市发展创造了良好的机遇。1984 年，国务院颁布的《城市规划条例》明确指出了旧城区改建的原则。在这一时期，由于旧城区建筑质量和环境质量低下，已难以适应城市经济发展和居民日益提高的生活水平需求。因此，旧城改造的重点转为解决生活设施紧缺和城市职工住房问题，并开始注重修建住宅。这一阶段的城市更新以解决住房紧缺和偿还基础设施债务为重点，其特征是"全面规划、分批改造"，采用了填补空缺、改造旧房和旧区等形式，初步建立了市场机制，但在试点项目中仍以政府投资为主。

（3）1990 年—2011 年：市场机制推动城市更新工作阶段。

在 20 世纪 90 年代初期，随着市场经济体制的建立和城市经济实力的增强，土地有偿使用和住房商品化改革为旧城更新提供了动力。城市化进程不断加快，一些特大城市面临土地资源紧缺、已建设用地利用低效等问题，因此地方政府开始逐步探索城市更新机制，以促进土地集约利用。政企合作模式的出现有效解决了存量改造所需资金规模庞大、完全依靠政府投入难以持续的问题。在这一阶段，市场机制推动下的城市更新实践开始探索与创新，着眼于旧城改造、旧区再开发、重大基础设施建设、老工业基地改造、历史街区保护与整治、城中村改造等。政府和市场共同推动城市更新实施，全面引入市场机制。

（4）2012 年至今：系统化有机更新阶段。

在 2012 年，我国城镇化率超过 50%，城市建设的高速扩张带来了许多不可持续的问题，如土地和生态问题。为了解决这些问题，一些城市开始着眼于城市存量的发展，并采取了一系列措施，如提升城市内涵和品质、集约利用土地等。2015 年的中央城市工作会议标志着我国城市更新进入了新的阶段，主要关注城市品质提升，产业转型升级以及土地集约、节约利用等重大问题。城市更新的原则目标和内在机制也发生了深刻转变，不再采用传统的大拆大建思路，而是转向综合提质、多方共赢的更新阶段。例如，三亚城市双修工作采用了内河水系和环境整治系统，修补城市各大系统和生态环境风貌。

在这一阶段，我国的城市更新更加关注城市内涵发展，更加强调以人为本，更加重视人居环境的改善和城市活力的提升。城市更新主要聚焦于老旧小区改造、低效工业用地的盘活、历史地区保护活化、城中村改造和城市修补等。这一阶段的城市更新采用多元治理模式，政府、专家、投资者和市民等多元主体共同构成决策体系，采用正式和非正式的治理工具来应对复杂的城市更新系统。政府通过容积率奖励、产权变更、功能区兼容混合和财政奖补等手段，平衡政府、开发商和居民之间的利益分配。这一阶段更加关注城市内涵发展，强调以人为本，注重人居环境的改善和城市活力的提升。

回顾城市发展变化的全生命周期，不难看出，城市是一个鲜活的生命有机体，其发展的全过程是一个不断更新、改造的新陈代谢过程。城市更新作为城市自我调节或受外力推动的机制存在于城市发展之中，通常借助社会和经济力量，基于物质空间变化和人文空间重构，通过结构与功能的相适调节，采取整治、改善、修补、修复、复苏、再开发、再生以及复兴等多种方式，修复衰败陈旧的物质空间环境，增强城市的整体机能，以防止、阻止和消除城市的衰老（或衰退），使城市能够在经济、社会及自然环境条件上得到持续改善，不断适应未来社会经济发展的需要和满足人们对美好生活品质的需求。

### 2.1.6　城市更新的工作趋势

国际上大多数国家的城市更新已不再单纯着眼于物质属性和经济因素，而是更综合地着眼于就业、教育、社会公平等社会发展的目标；在更新改造中也不再是简单的拆除重建，而是注重对存量建筑的人文、历史、社会等方面价值进行再开发，是对更新对象整体环境的改造和完善。在城市发展中重视城市更新，这一趋势的出现是和可持续发展理念的日益普及密切相关的。

国内城市更新内涵日益丰富，外延不断拓展，已经发展为兼具物质与非物质层面的改善和复兴。方式不再只局限于拆除重建，对历史文化保护、城市特色和记忆的保存等方面也愈加与西方发达国家的理念趋同，进入了可持续发展的保护性更新的新阶段，展现出以文化保护为根本，形成多维价值、多元模式、多学科探索和多维度治理的新局面。具体表现为：强调文化保护与传承，强化场所记忆，充分活化利用文化遗产，以文脉传承和保护带动老城复兴；回归人本城市，为市民提供高品质舒适宜居的生活空间，强化职住平衡；推动产业转型，疏解非核心功能，以绿色产业发展推动城市更新，促进产城融合；整体统筹谋划，灵活推进实施，具体项目采用多元实施模式；强调公众参与，发挥政府、私营企业、个人团体等多元力量，推动多元主体参与更新。

# 2.2　城市更新的实施路径与相关实践经验

## 2.2.1　城市更新的实施路径

城市更新行动内涵广泛、涉及面广，遇到的问题多元复杂，需要通过理念革新与思路创新，探索形成城市更新有效实施路径。

### 2.2.1.1  通过城市体检精准查找"城市病"

城市体检从生态宜居、健康舒适、安全韧性、交通便捷、风貌特色、整洁有序、多元包容、创新活力等 8 个方面 60 多项指标细化分析，结合社会满意度调查，查找城市发展和城市建设存在的问题，精准查找"城市病"。

### 2.2.1.2  针对"城市病"对症下药

围绕城市体检结论，需要从交通、基础设施、公共服务设施、老旧小区、棚户区、老旧厂区、城市风貌、城市生态修复、智慧城市等多个方面，总结现状存在的问题，结合部门"十四五"重点发展目标，形成城市更新实施项目库，并提出城市更新实施措施，即解决"城市病"的途径。

### 2.2.1.3  坚持规划先行，有序组织实施

针对城市体检检出的"城市病"和城市更新的目标导向，制定城市更新规划，形成各方对城市更新内涵、原则、目的等价值观的共识，重点围绕功能改造迫切、更新意愿强烈、严重影响城市形象的区域，制定城市更新年度实施计划，确定城市更新年度建设实施范围、建设内容、时间安排、资金安排等内容。依据城市更新年度实施计划选取近期实施项目。编制城市更新项目实施方案作为城市更新项目实施办理规划、建设许可相关审批手续，并作为签订项目实施监管协议的前提。

### 2.2.1.4  多措并举，加强资金保障

打通城市更新要素保障渠道，按照"项目跟着规划走，资金跟着项目走，要素跟着项目走"的原则，探索多渠道筹措资金，积极争取国家及省预算内投资资金、各类专项资金、政府债券支持，积极争取贷款、投资、债券、租赁、证券等各类金融资本，重点争取开发性金融机构大额长期资金支持，引导商业金融机构创新服务产品，满足城市更新资金需求，构建"政银企"合作平台，充分调动金融机构积极性，支持社会资本参与城市更新项目。

### 2.2.1.5 加强风险防范，建立负面清单

充分考虑地方财政承受能力，在项目可行性研究阶段充分论证资金筹措方案，切实防范和化解地方政府隐性债务风险。加强对实施主体的监督，建立城市更新项目实施跟踪考评机制和城市更新负面清单。

## 2.2.2 国外城市更新模式与实践经验

### 2.2.2.1 英国

英国真正意义上的城市更新始于 20 世纪 30 年代的清除贫民窟计划，经过半个多世纪的实践，从政府操纵的"自上而下"的方式过渡到了"自下而上"的社区规划模式。总体上形成"政府立法—机构监督—社区设计"的更新流程，以社区居民为主导的更新模式，以政府拨款与发展基金相结合的资金来源，共同推动城市更新发展。

（1）典型案例一：硬币街社区。

伦敦硬币街居民通过自发成立社会企业"硬币街社区建设者"（coin street community builders，CSCB），身兼土地所有者、规划者、开发者和管理维护者四重角色，唤醒居民集体意识，带动自下而上的地区更新，并在更新中新增工作岗位，促进社区经济的发展（图 2-1）。

图 2-1 伦敦硬币街社区

（2）典型案例二：斯旺西 High Street。

斯旺西 High Street 以小规模、渐进式推进为特征的空间形态整治方式，营造带有历史情怀、内涵丰富、视觉愉悦的城市地标，用设计激活公共空间魅力（图 2-2）。充分发挥非营利组织、政府部门和社区在不同规划阶段中的作用，对社会多元文化价值、利益诉求、技术技艺以及对于城市的更新想法进行关注与表现。

（3）典型案例三：谢菲尔德"黄金路线"。

谢菲尔德"黄金路线"以提高老城区环境和基础设施质量，吸引更多元化的投资与开发，促进城市功能综合提升。在此过程中，该更新项目创建了高质量的步行场所，营造了极佳的步行体验，也带动了周边区域休闲、商业、房地产等方面的发展（图 2-3）。

图 2-2 High Street 改造后的沿街商店

图 2-3 "黄金线路"城市更新项目

### 2.2.2.2 美国

美国的城市更新运动是由联邦政府主导的，通过立法制定全国统一的规划、政策和标准，并提供拨款资助地方政府实施具体的更新项目。不同城市的更新需求被充分考虑，由地方政府来提出和确定具体的更新项目。美国城市更新的实施模式有三种，包括授权区（分别在联邦、州和地方层面上运作，将税收奖励措施作为城市更新的政策工具），纽约"社区企业家"模式（在纽约市旧城改造过程中，鼓励贫困社区所在的中小企业参与旧城改造）和新城镇内部计划（私人开发商和投资者获得至少等同于投资的在其他地方的回报）。这些模式采取不同的政策工具，如税收奖励措施、鼓励中小企业参与旧城改造以及使私人开发商和投资者获得回报等，旨在促进城市更新的实施和城市经济的发展。

（1）典型案例一：纽约高线公园。

纽约高线公园通过保留原有铁轨与周边工业建筑风貌，采用公私合营的运作模式，吸引知名设计师参与城市更新设计，合理控制沿线建筑风貌，营造出都市绿地景观，形成了别具特色的线形公园体验和城市特色空间，实现从城市遗产到城市阳台的华丽转变（图2-4）。

（2）典型案例二：巴尔的摩内港区。

巴尔的摩内港区采用政府与私人公司合作的开发模式，通过重新整理滨水岸线，完善滨水生态系统，打造以商业、办公和游憩活动为开发导向的商业磁力中心，并通过举办大型会展活动，促进城市经济发展，提升城市活力和形象（图2-5）。

图 2-4　纽约高线公园

图 2-5 巴尔的摩内港区更新改造计划

### 2.2.2.3 荷兰

荷兰城市更新主要有两种模式，分别是住房改造和工业区改造。政府会购买改造区域的大部分私有产权，进行差异化住房改造，并邀请专家和居民参与制定改造方案。而工业区改造则是从 20 世纪 90 年代末开始，主要针对废弃和退化的工业用地进行更新，以优化城市的功能和地位，并注重城市的多元化和综合开发，同时鼓励建筑师参与设计。荷兰城市改造的资金一开始主要由政府提供，后来则逐渐将私人资金与公共资金相结合，通过成立更新基金等方式来填补有限资金和复杂问题之间的差距。

（1）典型案例一：鹿特丹港口。

鹿特丹港口通过借港造城，保留了独特的工业港口建筑，还港于绿，打造城市生态文化高地，引港入城，将河道融入城市肌理，临港塑形，魅力天际线树立新城展示面，实现从工业港口到"文化之都"的改造转型（图 2-6）。

（2）典型案例二：蒙特福德小镇。

蒙特福德小镇通过翻新社区的基础设施，扩展更多绿色空间和无障碍设施，整治形成统一整齐的建筑环境形象，促进社区民众的集聚、参与和交往，并为当地居民提供完善的商业、服务、娱乐等生活配套设施（图 2-7）。

图 2-6 鹿特丹港口更新改造

图 2-7 蒙特福德小镇改造后效果

## 2.2.3 国内城市更新模式的实践经验

自 2009 年深圳开始常态化、制度化地推进城市更新以来，国内的城市更新实践逐渐由地方先行探索。党的十八大之后，广州、深圳、上海等经济发达地区开始全面综合的实践，并成立城市更新局等职能部门。不同城市的更新措施和效果略有不同，广州重点改造"三旧"区域，深圳重点改造旧工业、旧商业、城中村，上海则注重对建成区城市空间形态和功能的可持续改善。

### 2.2.3.1 广州

广州的城市更新始于 1978 年改革开放，经历了不同的发展阶段。1978—1998 年，城市更新主要依赖于私企的自由市场机制进行"增量更新"，以缓解旧城人居环境质量；1999—2008 年，政府采取强力主导策略以保护公众利益，禁止私企参与城市更新；2009—2014年，政府引入私企参与城市更新以提高土地使用效率，在此过程中，重点关注"三旧"改造项目的就地经济平衡。自2015年起，广州开始了致力于建设长效发展机制的城市更新系统化建设阶段。这一阶段的重要举措包括2015年成立的城市更新局和"1+3+N"城市更新规划编制体系。在广州的城市更新中，旧村和旧厂是主要的更新改造对象，政策法规也围绕着这两个方面进行制定。

广州的城市更新有几个值得借鉴的做法。一是逐渐形成了"政府统筹+市场运作+社会治理"的有机更新模式。在城市更新治理制度方面，形成了专家论证制度、公共咨询委员机制和村民理事会等制度。二是推进"微改造+有机更新"的城市更新方式。微改造主要包括建筑保留修缮、功能的置换等。有机更新主要是以系统性的方式推进城市更新，以推进城市的功能完善为手段，推动城市各方面的发展。三是"公共利益"优先，兼顾"经济可行"。特别是近两年来，广州通过城市更新，已经累计新增4万多个公共服务设施及配套设施，新增绿地面积700多万平方米。四是注重"空间品质提升"与"产城融合发展"。2015年以来，通过城市更新，推动了广州设计之都、华新科创岛等一批致力于提升城市产业的项目。

（1）典型案例一：恩宁路永庆坊微改造。

自2006年起，荔湾区政府便筹划推动恩宁路片区的改造规划，经过几轮修改，恩宁路改造规划方案才于2011年9月得以确定，规划以"微改造"的理念推进微改造更新。其中，永庆坊微改造采取的是"政府主导，企业承办，居民参与"的更新改造模式，引导居民通过多种途径参与更新。更新过程中注重对街区肌理的维持，主要措施是对传统建筑的小规模拆建与修补，保留了大部分建筑原有的立面样式（图2-8）。

（2）典型案例二：越秀区仰忠社区改造。

仰忠社区是广州越秀区一个典型的老旧住宅型社区，2017年被纳入广州社区微改造计划。微改造内容围绕优化社区人居环境展开，重点改造"三线（电力线、通信线、有线电视线）"和"三管（供水管、燃气管、排水管）"，同时完善小区的消防配套及安全设施（图2-9）。在多元主体参与自主改造

图 2-8　恩宁路永庆坊微改造

图 2-9　越秀区仰忠社区微改造

方面，仰忠社区设立由居民代表、社区热心人士、楼组长、社区党员等组成的微改造居民咨询委员会，共同参与宣传发动和意见征询工作。

### 2.2.3.2　深圳

深圳作为改革开放崛起之城，短短 40 年发展成现代化大都市，在国内最早开启存量挖潜之路，特别是城中村更新改造工作有较大的借鉴价值。20世纪 90 年代至 2003 年，深圳处于城市建设初期，制度不健全，城市更新的内容主要是村民与业主自发、零星的分散拆除重建与改造。2004—2009 年，深圳意识到土地资源有限，增量发展不可持续。2004 年，《深圳市城中村（旧村）改造暂行规定》出台，开启了大规模的城市更新活动。2007 年，《深圳市人民政府关于工业区升级改造的若干意见》颁布，旧工业更新改造也有序开展。2009 年，《深圳市城市更新办法》颁布，规定了"拆除重建""功能改变""综合整治"三类更新模式，允许"三旧"改造项目用地协议出让，正式进入城市更新的探索期。2012年，《深圳市城市更新办法实施细则》出台，成立了专门更新机构——土地整备局，2015年改制为城市更新局。2018年，《深圳市城中村（旧村）总体规划（2018—2025）》（征求意见稿）发布，城中村改造从拆除重建向有机更新转变。2020年，《深圳经济特区城市更新条例》颁布，明确由深圳市人民政府负责统筹全市城市更新工作，市城市更新部门是城市更新工作的主管部门，进一步理顺工作机制。

深圳的城市更新有几个值得借鉴的做法。一是建立完善的政策、管理体系，支撑更新工作有序开展。构建了完善的政策体系，建立三级专职管理机构，明确城市更新工作权责。二是适度放宽土地政策，吸引市场资本投入。包括允许用地功能改变，便于土地进入市场买卖；允许以多种方式进行土地改造，丰富土地交易形式；优惠的地价补偿政策等。三是有所突破的空间政策，捆绑市场发展公益。主要体现在容积率的鼓励政策上，借助市场手段，将公共设施用地的"整备"与更新项目的实施进行捆绑，推动公益事业发展。四是通过"规划＋计划"进行统筹，建立高效率的操作模式。确定计划立项与项目方案并联的审批模式，确保项目核查深度，避免立项时缺乏前期研究或研究深度不足，导致立项后难以实施，有效地加快了更新项目审批速度。

（1）典型案例一：玉田村"城中村"改造。

玉田村位于深圳市福田区，由祠堂村和向东围村两个自然村组成。玉田村改造项目采用深度政企合作模式，由万科和深圳福田区南园街道办合作，借由政策，采取"统组运营＋物业管理＋综合整治"的新模式。玉田村将物业统一出租给万科公司，经过统一综合整治改造，对"城中村"玉田村的基础设施、建筑风貌、步行系统、公共空间等全面提升后（图2-10），万科公司对其植入物业管理、长租公寓、社区商业等运营内容。补偿方面，村民可与万科公司签约10年，签约后可享受房产租赁的租金红利。这种模式不仅解决了城中村环境品质差、缺乏管理的问题，同时可缓解深圳人才住房供给难的问题。

（2）典型案例二：蔡屋围金融中心项目。

蔡屋围位于深圳站的西北部，是深圳传统的金融商业核心区（图2-11）。

图 2-10　玉田村公共空间改造前后对比

图 2-11　蔡屋围金融中心项目

2003年，《蔡屋围金融中心区改造规划方案》经市长办公会通过，确定为市、区两级重点项目。2006年开始，蔡屋围开始启动大规模拆迁，2007年12月，整个项目拆迁工作完成。项目采用政府引导、市场主导的开发模式，将整治改造、拆迁安置联合打包处理，有效实现了企业利益、公共利益、集体利益、村民利益和政府利益五方共赢，成为深圳市城市更新的成功范例。

### 2.2.3.3　上海

上海作为中国近代最发达的城市之一，从开埠至今一直经历着城市更新。20世纪80年代，上海主要进行的是以改善居住条件为目标的旧城改造，如闸北、南市、普陀、杨浦等地区的成片改造；20世纪90年代，上海以追求经济增长为目标的大规模拆迁改造、推倒重建为主要更新方式，如卢湾区"365危棚简屋"改造、新天地商业街改造、思南公馆改造；2000—2010年，上海以重点保护历史文化资源的城市更新为主，如1933老场坊的改造、苏州河仓库SOHO区改造；2010年以来，《上海市城市更新实施办法》等政策文件的发布和更新试点项目的开展，意味着上海进入城市有机更新的阶段，实现内涵式、渐进式有机城市更新模式，更加关注历史风貌街区的创新性保护、工业遗产的保护性再利用、滨江地区的再开发和城市社区的重建。2021年，《上海市城市更新条例》正式实施，从工作内容、路径设计、项目、保障机制四个方面对未来城市更新活动进行指导。

上海城市更新有几个值得借鉴的做法。一是制度上建立规范的"城市更新专项规划—更新评估—更新实施计划"三层级规划编制体系。其中，更新评估与法定的控制性详细规划相衔接，更新项目的规划设计要求纳入土地出让合同进行全生命周期管理。二是更新手法上将城市更新、经济发展、民生改善与文化保护相结合。比如上海新天地在城市更新史上留下了浓墨重彩的一笔，以"一幢一策一方案"的模式进行修护，尽最大可能保留、保存历史风貌和历史建筑。后来上海诸多历史建筑的更新，如思南公馆、外滩源、建业里、尚贤坊等都采取了这一模式。三是从制度设计的层面保障政府的征收动迁设想与百姓改善生活意愿的契合。将"阳光透明"政策以法律法规形式固化下来，征收政策确立了"两次征询"机制，严格要求同一基地征收政策前后一致、公开公正。

（1）典型案例一：上生·新所。

上生·新所位于长宁区东部，地处新华路、愚园路、衡山路至复兴路三个历史文化风貌区的中间区域，项目内分布有3栋历史建筑（哥伦比亚乡村俱乐部、海军俱乐部及附属泳池、孙科住宅）以及数栋工业建筑，具有深厚的历史文化价值。该项目一直秉承"尊重历史文脉，修旧如旧"的更新理念，既保留整体建筑特色及文化氛围，又综合考虑建筑修复后的功能性，为商业、办公等业态提供多样化的空间（图2-12）。同时，在运营上，以丰富的文化艺术活动与建筑空间进行沉浸式定制，形成鲜明的项目特色，项目也实现了从百年遗产向上海新晋文艺地标的转型。

（2）典型案例二：上海国际时尚中心及杨树浦电厂遗迹公园。

上海国际时尚中心位于杨树浦路2866号，百年工业博览带南段尾端，由原上海第十七棉纺织总厂改建而来，保留了20世纪20年代老上海工业文明的历史年轮，又植入现代时尚元素，在历史与现代、东方与西方文化的碰撞之中，形成国家 AAAA 级旅游景区以及国家工业遗产旅游基地。杨树浦电厂遗迹公园前身为建于 1913 年的杨树浦发电厂，经过改造，实现了从封闭的"闲人免入"生产岸线向文化和生态共享的生活性滨水开放空间的转型（图 2-13）。

图 2-12　上生·新所项目改造实施效果

图 2-13　上海国际时尚中心及杨树浦电厂遗迹公园项目

## 2.2.4　借鉴与启示

### 2.2.4.1　强调以人为本，关注社会公平，注重历史文化保护

国外城市更新"以人为本"的理念体现在多个方面，包含社会、文化、经济、环境等多维目标的综合更新理念，保护多元群体的利益，促进社会公平。比如，规划设计上，注重城市总体的风貌特征，以人的活动行为为依据设计城市空间体系；实施模式上，注重以公众参与为手段推进城市空间品质提升；社会公平上，重视弱势群体的利益保护；在历史文化保护方面，尊重历史，

创造和维护"地方感"。

### 2.2.4.2 加强并完善立法是推进城市更新工作的有力保障

许多国家（地区）的城市的更新，均建立了一套严格的法律政策体系。通过建立相对完整的城市更新法律政策体系，详细规定城市更新的内容、目标、程序、各方的责任义务，以法制约束指导城市更新工作，将城市更新改造中的矛盾和问题纳入法制化轨道解决，使得城市更新有法可依。

### 2.2.4.3 制定城市更新规划，协调规划政策

高质量、高效率的城市更新需要严格遵循完善的更新规划，成功的城市更新案例表明，优秀的规划应具备创新性、系统性和地域适应性等特点。城市更新并非仅仅是对存量资源的改造，从一定意义上来看，好的城市更新都是对一座城市的再塑造。在这个问题上，我们不能采取走一步说一步的盲目试错方式。

### 2.2.4.4 多元融资模式，完善财政及政策支持

城市更新需要大量资金和时间，但单靠财政资金是难以实现高质量、可持续的更新目标的。为了保证城市更新战略的长期稳定发展，需要采取多种措施来吸引社会资本的参与，如利用财政资金的杠杆作用，实行税收优惠，提供合理补贴，灵活运用容积率奖励以及提供金融支持的措施。这些措施能够吸引更多的社会资本参与城市更新，并实现城市更新的可持续发展。许多国家的城市更新成功案例都表明，吸引社会资本的参与是城市更新成功的重要因素。

### 2.2.4.5 激励市场主体，多主体共同参与机制

城市更新牵涉多种利益相关方，包括政府、业主、居民、开发商等。为确保城市更新的顺利推进，政府需要在多元利益相关方之间进行协调，同时还需要积极动员社会各界广泛参与城市更新进程。社会多元主体的广泛参与将有助于提高城市更新的质量，并使项目实施过程更加顺畅。国际经验表明，

政府的这些努力是确保城市更新战略实现长期稳定发展的必要手段。

### 2.2.4.6　重视保留低收入群体的居住机会

强调以人为本，弱势群体的利益也受到关注与保护，可以采取税收优惠、低息贷款、部分增加容积率的方式引导开发商和业主方保留一定比例的廉租房，针对不同阶层提供多种住房选择。政府可以通过补贴或者减免物业管理费等形式，满足低收入群体在本地的居住需求。

# 2.3　城市更新的新时期总体要求与重点任务

## 2.3.1　新时期城市更新相关政策解读

我国的城市更新政策，源于 2013 年中央城镇化工作会议要求和 2015 年中央城市工作会议的要求，2021 年政府工作报告和"十四五"规划纲要中正式提出实施城市更新行动，这是党中央做出的重大战略决策部署，也是"十四五"以及今后一段时期我国推动城市高质量发展的重要抓手和路径，将城市更新上升到了一个新的高度。

### 2.3.1.1　新时期城市更新政策综述

2020 年 10 月 29 日，在党的十九届五中全会审议通过的《中共中央关于制定国民经济和社会发展第十四个五年规划和二〇三五年远景目标的建议》中，明确提出"推进以人为核心的新型城镇化""实施城市更新行动""强化历史文化保护、塑造城市风貌，加强城镇老旧小区改造和社区建设"。2020 年 11 月 17 日，住房和城乡建设部发表了题为《实施城市更新行动》的文章；2020 年 12 月 25 日召开的全国住房城乡建设工作会议，将实施城市更新行动作为推动城市高质量发展的重大战略举措；2021 年 3 月 5 日，在第十三届全国人民代表大会第四次会议上明确"十四五"时期要"深入推进以人为核心的新型城镇化战略"，"实施城市更新行动"首次被列入政府工作报告；2021 年 3 月 12 日颁布的《中华人民共和国国民经济和社会发展第十四个五年规划和 2035 年远景目标纲要》中提出完善新型城镇化战略，"加快转变城市发展方式，统筹城市规划建设管理，实施城市更新行动，推动城市空间结构优化和品质提升""改造提升老旧小区、老旧厂区、老旧街区和城中村等存量片区功能""保护和延续城市文脉，杜绝大拆大建，让城市留下记忆、让居民记住乡愁"，将城市更新行动提升到国家发展战略的高度。棚户区改造规模力度逐渐减弱并进入尾声，城镇老旧小区改造工作全面加快推进，二者被纳入更为系统、整体的城市更新体系，并根据不同城市发展阶段、地方住房实际情况有所侧重和合理安排。

2020 年以后，各地陆续推动城市更新行动，但部分地区仍延续过度房地产化的开发方式。为避免出现新的城市问题，2021 年 8 月 30 日住房和城乡建设部发布《关于在实施城市更新行动中防止大拆大建问题的通知》（建科〔2021〕63 号）。2021 年 11 月 4 日住房和城乡建设部发布《关于开展第一批城市更新试点工作的通知》（建办科函〔2021〕443 号），将北京、厦门、沈阳等 21 个城市（区）确定为第一批城市更新行动试点，引导城市积极稳妥实施城市更新行动，重点探索城市更新统筹谋划机制，探索城市更新可持续模式及城市更新配套制度。2022 年 7 月 4 日，住房和城乡建设部发布《关于开展 2022 年城市体检工作的通知》（建科〔2022〕54 号），推动建立"一年一体检、五年一评估"的城市体检评估制度，将城市体检结果作为城市更新工作的重要前提和依据。2022 年 11 月 25 日，城市更新试点一年后，住房和城乡建设部办公厅下发《关于印发实施城市更新行动可复制经验做法清单（第一批）的通知》（建办科函〔2022〕393 号），详细总结了一年来各地城市更新的创新模式和措施。2023 年 7 月 5 日，住房和城乡建设部发布《关于扎实有序推进城市更新工作的通知》（建科〔2023〕30 号），为复制推广各地已形成的好经验、好做法，扎实有序推进实施城市更新行动，提高城市规划、建设、治理水平提供政策支持。

### 2.3.1.2 新时期城市更新重要政策文件解读

（1）《关于进一步加强城市规划建设管理工作的若干意见》。

要有序实施城市修补和有机更新，解决老城区环境品质下降、空间秩序混乱、历史文化遗产损毁等问题，促进建筑物、街道立面、天际线、色彩和环境更加协调、优美。通过维护加固老建筑、改造利用旧厂房、完善基础设施等措施，恢复老城区功能和活力。加强文化遗产保护传承和合理利用，保护古遗址、古建筑、近现代历史建筑，更好地延续历史文脉，展现城市风貌。

（2）《关于全面推进城镇老旧小区改造工作的指导意见》。

按照高质量发展要求，大力改造提升城镇老旧小区，改善居民居住条件。明确改造对象范围，合理确定改造内容，编制专项改造规划和计划，建立改造项目推进机制，推动社会力量参与。

（3）《中共中央关于制定国民经济和社会发展第十四个五年规划和二〇三五年远景目标的建议》。

有序疏解中心城区一般性制造业、区域性物流基地、专业市场等功能和设施，以及过度集中的医疗和高等教育等公共服务资源，合理降低开发强度和人口密度。加快转变城市发展方式，统筹城市规划建设管理，实施城市更新行动，推动城市空间结构优化和品质提升。加快推进城市更新，改造提升老旧小区、老旧厂区、老旧街区和城中村等存量片区功能，推进老旧楼宇改造，积极扩建新建停车场、充电桩。

（4）住房和城乡建设部《关于进一步做好城市既有建筑保留利用和更新改造工作的通知》。

要高度重视城市既有建筑保留利用和更新改造，建立健全城市既有建筑保留利用和更新改造工作机制，构建全社会共同重视既有建筑保留利用与更新改造的氛围。

（5）住房和城乡建设部办公厅《关于在城市更新改造中切实加强历史文化保护坚决制止破坏行为的通知》。

要推进历史文化街区划定和历史建筑确定工作，加强对城市更新改造项目的评估论证，加强监督指导，确保具有保护价值的城市片区和建筑得到有效保护，对发现的问题及时整改。

（6）《关于进一步明确城镇老旧小区改造工作要求的通知》。

各地确定年度改造计划应从当地实际出发，尽力而为、量力而行，不层层下指标，不搞"一刀切"。严禁将不符合当地城镇老旧小区改造对象范围条件的小区纳入改造计划。严禁以城镇老旧小区改造为名，随意拆除老建筑、搬迁居民、砍伐老树。市、县应当推进相邻小区及周边地区联动改造。结合城市更新行动、完整居住社区建设等，积极推进相邻小区及周边地区联动改造、整个片区统筹改造，加强服务设施、公共空间共建共享，推动建设安全健康、设施完善、管理有序的完整居住社区。鼓励各地结合城镇老旧小区改造，同步开展绿色社区创建，促进居住社区品质提升。在确定城镇老旧小区改造计划之前，应以居住社区为单元开展普查，摸清各类设施和公共活动空间建设短板，以及待改造小区及周边地区可盘活利用的闲置房屋资源、空闲用地等存量资源，并区分轻重缓急，在改造中有针对性地配建居民最需要的养老、托育、助餐、停车、体育健身等各类设施，加强适老及适儿化改造、无障碍设施建设，解决"一老一小"方面难题。

（7）住房和城乡建设部《关于在实施城市更新行动中防止大拆大建问题的通知》。

实施城市更新行动要顺应城市发展规律，尊重人民群众意愿，以内涵集约、绿色低碳发展为路径，转变城市开发建设方式，坚持"留改拆"并举、以保留利用提升为主，加强修缮改造，补齐城市短板，注重提升功能，增强城市活力。坚持划定底线，防止城市更新变形走样；坚持应留尽留，全力保留城市记忆；坚持量力而行，稳妥推进改造提升。

（8）住房和城乡建设部办公厅《关于开展第一批城市更新试点工作的通知》。

严格落实城市更新底线要求，转变城市开发建设方式，结合各地实际，因地制宜探索城市更新统筹谋划机制、可持续实施模式、配套制度政策等，推动城市结构优化、功能完善和品质提升，形成可复制、可推广的经验做法。

（9）住房和城乡建设部《关于扎实有序推进城市更新工作的通知》。

坚持城市体检先行。建立城市体检机制，将城市体检作为城市更新的前提。坚持结果导向，把城市体检发现的问题短板作为城市更新的重点，一体化推进城市体检和城市更新工作。

发挥城市更新规划统筹作用。依据城市体检结果，编制城市更新专项规划和年度实施计划，结合国民经济和社会发展规划，系统谋划城市更新工作目标、重点任务和实施措施，划定城市更新单元，建立项目库，明确项目实施计划安排。坚持尽力而为、量力而行，统筹推动既有建筑更新改造、城镇老旧小区改造、完整社区建设、活力街区打造、城市生态修复、城市功能完善、基础设施更新改造、城市生命线安全工程建设、历史街区和历史建筑保护传承、城市数字化基础设施建设等城市更新工作。

强化精细化城市设计引导。将城市设计作为城市更新的重要手段，完善城市设计管理制度，明确对建筑、小区、社区、街区、城市不同尺度的设计要求，提出城市更新地块建设改造的设计条件，组织编制城市更新重点项目设计方案，规范和引导城市更新项目实施。统筹建设工程规划设计与质量安全管理，在确保安全的前提下，探索优化适用于存量更新改造的建设工程审批管理程序和技术措施，构建建设工程设计、施工、验收、运维全生命周期管理制度，提升城市安全韧性和精细化治理水平。

创新城市更新可持续实施模式。坚持政府引导、市场运作、公众参与，推动转变城市发展方式。加强存量资源统筹利用，鼓励土地用途兼容、建筑功能混合，探索"主导功能、混合用地、大类为主、负面清单"更为灵活的存量用地利用方式和支持政策，建立房屋全生命周期安全管理长效机制。健全城市更新多元投融资机制，加大财政支持力度，鼓励金融机构在风险可控、商业可持续前提下，提供合理信贷支持，创新市场化投融资模式，完善居民出资分担机制，拓宽城市更新资金渠道。建立政府、企业、产权人、群众等多主体参与机制，鼓励企业依法合规盘活闲置低效存量资产，支持社会力量参与，探索运营前置和全流程一体化推进，将公众参与贯穿于城市更新全过程，实现共建共治共享。鼓励有立法权的地方出台地方性法规，建立城市更新制度机制，完善土地、财政、投融资等政策体系，因地制宜制定或修订地方标准规范。

明确城市更新底线要求。坚持"留改拆"并举、以保留利用提升为主，鼓励小规模、渐进式有机更新和微改造，防止大拆大建。加强历史文化保护传承，不随意改老地名，不破坏老城区传统格局和街巷肌理，不随意迁移、拆除历史建筑和具有保护价值的老建筑，同时也要防止脱管失修、修而不用、长期闲置。坚持尊重自然、顺应自然、保护自然，不破坏地形地貌，不伐移老树和有乡土特点的现有树木，不挖山填湖，不随意改变或侵占河湖水系。坚持统筹发展和安全，把安全发展理念贯穿城市更新工作各领域和全过程，加大城镇危旧房屋改造和城市燃气管道等老化更新改造力度，确保城市生命线安全，坚决守住安全底线。

## 2.3.2 城市更新总体要求

### 2.3.2.1 指导思想

以习近平新时代中国特色社会主义思想为指导，认真贯彻落实党中央、国务院和省委省政府关于推进城市更新工作的决策部署，坚持以人民为中心的发展理念，加强城市更新政策研究，强化各类资源要素有效整合，有序推动实现物质层面、机制层面和建设模式的同步更新，促进经济社会高质量发展，不断满足人民群众对美好生活的向往。

### 2.3.2.2 基本原则

（1）规划引领，稳妥推进。

加强城市更新的系统性、整体性谋划，统筹基础设施、公共空间、产业布局等要素，构建层次分明、重点突出的城市更新规划体系。依托不同的区位条件、资源禀赋、产业基础，准确把握各类型更新项目的目标定位，科学编制城市更新规划和城市更新项目实施方案，根据规划和实施方案有序组织实施。

（2）问题导向、精准施策。

通过开展城市体检，聚焦城市发展中的突出问题和短板，以城市功能缺失、设施不配套、风貌不彰显等问题为重点，因城施策、因"病"施策，精准、高效、系统地补齐城市基础设施、公共服务、社会治理等各方面的短板。

（3）因地制宜、科学适度。

坚守历史文化遗存保护、自然生态资源保护底线，以保护传承、优化提升为主，拆旧建新为辅，严格控制大规模拆除、大规模增建、大规模搬迁，坚持审慎更新的理念，有效保护城市空间格局、街巷肌理、建筑风貌，探索保留建筑活化利用路径。

（4）政府引导，市场主体。

加强政府顶层设计与统筹规划的作用，合理平衡各方利益，推动重点地区成片、连片更新。发挥市场在资源配置中的重要作用，适当预留规划管理和实施的弹性，激发市场主体和社会力量参与城市更新的积极性。

（5）以人为本，全民参与。

人民城市人民建、人民城市为人民，坚持把改善民生作为实施城市更新的出发点和落脚点，集中力量解决群众"急难愁盼"问题，把群众更新意愿强烈的区域优先纳入更新计划。全面激发群众积极性、主动性、创造性，在城市更新中深入开展美好环境与幸福生活共同缔造活动，真正实现城市共治共管、共建共享。

## 2.3.3　城市更新重点任务

新时期城市更新在认识、理念、方式、技术上都更加综合系统，城市更新的整个过程应建立在城市总体利益平衡和社会公平公正的基础上，要注意处理好局部与整体的关系、新与旧的关系、地上与地下的关系、单方效益与综合效益的关系，以及近期与远景的关系，区别轻重缓急，分期逐步实施，发挥集体智慧，加强多方的沟通与合作，促进城市的持续、包容、多元、健康、安全与和谐发展。具体包括调整和完善城市空间结构；实施城市生态修复和功能完善工程；强化历史文化保护，塑造城市风貌；加强居住社区建设；推进新型城市基础设施建设等八项重点工作任务。

### 2.3.3.1 完善城市空间结构

健全城镇体系，构建以中心城市、都市圈、城市群为主体，大中小城市和小城镇协调发展的城镇格局，落实重大区域发展战略，促进国土空间均衡开发。建立健全区域与城市群发展协调机制，充分发挥各城市比较优势，促进城市分工协作，强化大城市对中小城市辐射带动作用，有序疏解特大城市非核心功能。推进区域重大基础设施和公共服务设施共建共享，建立功能完善、衔接紧密的城市群综合立体交通等现代设施网络体系，提高城市群综合承载能力。

### 2.3.3.2 实施城市生态修复和功能完善工程

坚持以资源环境承载能力为刚性约束条件，以建设美好人居环境为目标，合理确定城市规模、人口密度，优化城市布局，控制特大城市中心城区建设密度，促进公共服务设施合理布局。建立连续完整的生态基础设施标准和政策体系，完善城市生态系统，保护城市山体自然风貌，修复河湖水系和湿地等水体，加强绿色生态网络建设。补足城市基础设施短板，加强各类生活服务设施建设，增加公共活动空间，推动发展城市新业态，完善和提升城市功能。

### 2.3.3.3 强化历史文化保护，塑造城市风貌

建立城市历史文化保护与传承体系，加大历史文化名胜名城名镇名村保护力度，修复山水城传统格局，保护具有历史文化价值的街区、建筑及其影响地段的传统格局和风貌，推进历史文化遗产活化利用，不拆除历史建筑、不拆真遗存、不建假古董。全面开展城市设计工作，加强建筑设计管理，优化城市空间和建筑布局，加强新建高层建筑管控，治理"贪大、媚洋、求怪"的建筑乱象，塑造城市时代特色风貌。

### 2.3.3.4 加强居住社区建设

居住社区是城市居民生活和城市治理的基本单元，要以安全健康、设施完善、管理有序为目标，把居住社区建设成为满足人民群众日常生活需求的完整单元。开展完整居住社区设施补短板行动，因地制宜对居住社区市政配套基础设施、公共服务设施等进行改造和建设。推动物业服务企业大力发展线上线下社区服务业，满足居民多样化需求。建立党委领导、政府组织、业主参与、企业服务的居住社区治理机制，推动城市管理进社区，提高物业管理覆盖率。开展美好环境与幸福生活共同缔造活动，发挥居民群众主体作用，共建共治共享美好家园。

### 2.3.3.5 推进新型城市基础设施建设

加快推进基于信息化、数字化、智能化的新型城市基础设施建设和改造，全面提升城市建设水平和运行效率。加快推进城市信息模型（CIM）平台建设，打造智慧城市的基础操作平台。实施智能化市政基础设施建设和改造，提高运行效率和安全性能。协同发展智慧城市与智能网联汽车，打造智慧出行平台"车城网"。推进智慧社区建设，实现社区智能化管理。推动智能建造与建筑工业化协同发展，建设建筑产业互联网，推广钢结构装配式等新型建造方式，加快发展"中国建造"。

### 2.3.3.6 加强城镇老旧小区改造

老旧小区作为城市的最基本生活单元，也是城市最脆弱的地区，面广量大，情况复杂，其更新改造工作任务十分繁重，是重大的民生工程和发展工程。要在城市更新中进一步摸清底数，合理确定老旧小区改造内容，科学编制改造规划和年度改造计划，有序组织实施。不断健全统筹协调、居民参与、项目推进、长效管理等机制，建立改造资金政府与居民、社会力量合理共担机制，完善项目审批、技术标准、存量资源整合利用、财税金融土地支持等配套政策，确保改造工作顺利进行。

### 2.3.3.7 增强城市防洪排涝能力

坚持系统思维、整体推进、综合治理，争取"十四五"期末城市内涝治理取得明显成效。统筹区域流域生态环境治理和城市建设，将山水林田湖草生态保护修复和城市开发建设有机结合，提升自然蓄水排水能力。统筹城市水资源利用和防灾减灾，系统化全域推进海绵城市建设，打造生态、安全、可持续的城市水循环系统。统筹城市防洪和排涝工作，科学规划和改造完善城市河道、堤防、水库、排水系统设施，加快建设和完善城市防洪排涝设施体系。

### 2.3.3.8 推进以县城为重要载体的城镇化建设

县城是县域经济社会发展的中心和城乡融合发展的关键节点，在推动就地城镇化方面具有重要作用。实施强县工程，大力推动县城提质增效，加强县城基础设施和公共服务设施建设，改善县城人居环境，提高县城承载能力，更好吸纳农业转移人口。建立健全以县为单元统筹城乡的发展体系、服务体系、治理体系，促进一二三产业融合发展，统筹布局县城、中心镇、行政村基础设施和公共服务设施，建立政府、社会、村民共建共治共享机制。

# 2.4 城市更新的工作体系与实施流程

## 2.4.1 城市更新工作体系

### 2.4.1.1 建立工作机制

（1）建立城市更新统筹工作机制。

充分发挥政府主导作用，明确城市更新主管部门，主管部门积极向上对接资源，争取各部门、机构的支持与协作，推进更新活动。

（2）强化各级政府及行业主管部门职责。

积极申报国家级或省级城市更新试点，积极总结先进经验，做好对外宣传工作。具有地方立法权的城市，可以积极推进城市更新立法工作，通过地方性法规、政府规章，保障城市更新工作推进实施。

（3）引导多元实施主体参与。

探索建立城市更新项目实施主体的筛查机制。针对城市更新特定领域，可引入具备全省统筹能力的平台公司与各地政府展开项目合作。有条件的地方政府结合实际，通过已有的地方平台公司、新设投资公司或引入投资人成立合资公司等方式，确定参与城市更新的市场化实施主体。

### 2.4.1.2 规范工作程序

可以参照"开展城市体检—编制城市更新规划—编制城市更新项目实施方案—城市更新项目施工、验收—城市更新实施评估"的流程，建立城市更新全周期管理机制，推动城市更新项目早落地，早实施，早见效。

（1）以城市更新为导向开展城市体检，建立城市体检基础数据库。

建立由城市政府主导、住房和城乡建设部门牵头组织、各相关部门共同参与的工作机制，统筹抓好城市体检工作。坚持问题导向，划细城市体检单元，从住房到小区、社区、街区、城区，查找群众反映强烈的难点、堵点、痛点问题。坚持目标导向，以产城融合、职住平衡、生态宜居等为目标，查找影响城市竞争力、承载力和可持续发展的短板弱项。

在组织城市体检工作时，可以逐步建立健全城市更新数据库，并定期更新，摸清城市底数和存量资源。

（2）编制城市更新规划和城市更新项目实施方案。

根据城市体检结果，结合国民经济和社会发展规划，编制城市更新规划，系统谋划城市更新工作目标、重点任务和实施措施，划定城市更新单元。根据城市更新专项规划建立项目库，明确项目实施计划安排并制定城市更新年度计划，一般包括具体项目、前期业主或实施主体、边界和规模、投资及进度安排等内容。城市更新年度计划实行常态申报和动态调整机制。

城市更新项目实施方案，是针对城市更新规划中确定的重点实施项目所做的详细设计，是后续办理规划、建设许可相关审批手续，以及签订项目实施监管协议的前提。

（3）抓好城市更新项目施工与验收。

进一步加强城市更新"放管服"改革，优化审批制度，加快审批流程，城市更新改造项目符合重点项目绿色通道审批规定的，可以纳入绿色通道办理施工审批手续。实施主体要加强工程全过程管理，做到工程质量、安全、工期统一。

（4）做好城市更新项目运营管理与实施评估。

鼓励专业企业参与城市更新项目运营管理，不断提高城市更新项目长期运营收入。尽可能挖掘项目的经营属性，比如配套公共停车场、充电站、能源站等公共设施的运营收入，引入酒店、购物、餐饮、会展等商业业态，引导社会资本提高招商引资能力和运营管理能力，创新业务模式，提高运营收入。

通过下一年度的城市体检，对上一年度实施的城市更新项目建设、运营情况进行跟踪评估，利用信息管理手段，加强城市更新项目全生命周期运营管护，做到可视化、动态化监管。

## 2.4.2　城市更新实施流程

不同地区、不同运作模式下的城市更新项目，其操作流程会有所差异。城市更新项目类型不同，其实施流程也会略有不同，比如拆除重建类项目会涉及搬迁补偿、产权注销、回迁安置等事项，而综合整治类项目不涉及相关产权、土地使用权的变更。梳理各地政策及操作实际，总体来说，城市更新实施流程主要包括六大环节。

### 2.4.2.1　确定实施主体

城市更新项目可由政府、物业权利人作为实施主体，或由政府、物业权利人通过直接委托、公开招标等方式引入的相关主体作为实施主体。实施主体主要职责：负责推动达成区域更新意愿、整合市场资源、编制区域更新实施方案以及统筹、推进更新项目的实施等。城市更新主管部门可与实施主体签订项目实施监管协议，实施项目动态监管。

### 2.4.2.2　编制实施方案

项目实施主体应在区域现状调查、更新意愿征询等基础上，编制城市更新项目实施方案。实施方案主要包括更新范围、内容、方式及规模、供地方式、投融资模式（资金筹措方式）、规划设计（含规划调整）方案、建设运营方案等内容。编制实施方案过程中，实施主体应当与区域范围内相关物业权利人进行充分协商，并征询相关部门以及专家委员会、利害关系人的意见。

### 2.4.2.3　方案审批决策

项目实施方案需要城市更新管理部门组织审批，实施方案批复文件作为后续规划管理和办理城市更新项目立项、环评、用地、规划、建设、消防、节能、园林绿化等相关审批手续的重要依据。

### 2.4.2.4　项目组织实施

项目实施主体根据工程建设基本程序，办理立项、规划、用地、施工等手续，组织建设。涉及搬迁的，实施主体应与相关权利人协商一致，明确产权调换、货币补偿等方案，并签署相关协议；涉及土地供应的，实施主体组织开展产权归集、土地前期准备等工作，配合完成规划优化和更新项目土地供应等事项。

### 2.4.2.5　项目竣工交付

工程建设完成后，项目实施主体组织竣工验收。对于需要无偿移交的基础设施和公共服务设施、创新型产业用房、公共住房等，城市更新主管部门应督促项目实施主体完成相关设施移交工作，并落实置换补偿等协议约定的内容。

### 2.4.2.6 项目运营管理

竣工验收完成后，项目进入运营管理阶段。对于商业、办公、娱乐等持有型物业，通过出租等方式获取运营收入，城市更新项目的公共停车场、充电桩、能源站等配套公共服务设施也可以由实施主体负责运营。项目后期可通过出售、资产证券化等方式退出。

城市更新的实施目标是远大的，但在短期之内也是非刚性的。如果涉及项目前期工作不成熟的、市场环境不支持的、项目自平衡有缺口的，实施目标也应当动态调整；在"资金平衡"的基础上，公益性投入要量力而行，避免造成新增地方政府债务，也避免无效投资。

# 3

# 以城市体检推动城市更新的
# 新要求

## 3.1  城市更新与城市体检的关系探究

### 3.1.1  城市体检为城市更新指明方向

城市体检评估机制已初步建立，成为统筹城市规划建设管理的重要抓手，可对城市发展状况进行检测评估，及时纠偏、对症下药。通过城市体检，可以了解城市人居环境的现状，也可梳理出存在的具体问题，然而，城市体检不是为了体检而体检，对城市进行体检只是发现城市病症的第一步，要想城市健康发展、变得更加美好，还需要对城市进行持续的健康管理，城市体检成果的应用才是关键，体检发现的问题将会成为各个城市开展城市更新工作的重点目标和对象。也就是说，城市体检报告只是精准查找出城市建设和发展的短板与不足，及时采取有针对性的措施加以解决，才能真正体现出城市体检的价值和作用。2021 年，时任住房和城乡建设部部长王蒙徽强调，实施城市更新行动的内涵，是推动城市结构优化、功能完善和品质提升，转变城市开发建设方式；路径是开展城市体检，统筹城市规划建设管理；目标是建设宜居、绿色、韧性、智慧、人文城市。所以，城市体检不是目的，而只是城市更新的"指南针"。

### 3.1.2  城市更新是城市体检应有举措

城市更新目前已经上升为国家战略，城市体检试点行动开展一年后，城市更新试点也陆续启动，后续全国各城市将进入城市更新集中期。一方面，城市建筑和设施逐步自然老化，一些原有建筑标准已经落后，需要改造调整，增强其安全性；另一方面，一些城市原来的功能布局、建筑设施、空间环境已不再适应居民更高的生活需求，需要通过城市更新提升人民群众的获得感、幸福感、安全感。城市更新包括两方面的内容：一方面是对客观存在的实体（建筑物等硬件）的改造；另一方面是对各种空间环境、生态环境、文化环境、视觉环境、游憩环境等的改造。如何在城市更新中同时解决实体物质和体感空间的双重问题，必须从城市体检的结果中找到切口，城市体检有生态宜居、健康舒适、安全韧性、交通便捷、风貌特色、整洁有序、多元包容、创新活力等8个方面69项指标，涵盖了城市发展中的经济需要、生活需要、生态需要和安全需要多个问题，且主要是针对城市已有设施和空间的，因此体检的主要运用场景也主要在城市更新中，城市更新也是城市体检明确城市"病症"后的必然"治疗"选择。

### 3.1.3  城市体检与城市更新应有机融合

当前城市更新不再是简单的维修和修补，而是要推动城市结构优化、功能完善和品质提升，以改变城市的发展方式。这需要有系统性和整体性的思维，同时需要具备动态感知、实时评价和及时反馈的机制。城市体检可以作为一种重要的方法，通过城市体检来发现问题，然后通过城市更新来解决问题。城市体检评估是未来城市高质量发展的有效手段，在推动城市高质量发展的背景下，应强化城市体检在城市更新中的基础性作用，构建"体检—更新"体系，以问题为导向，通过城市体检前端监测、评价和反馈，围绕城市发展目标，依托新型城市基础设施和智慧城市技术，联动城市体检工作目标和城市更新行动方案，最终促进城市更新的顺利实施（图3-1）。

城市体检和城市更新是相互关联、相辅相成的过程。城市体检是对城市发展和规划建设管理进行全面评估和诊断的过程，通过查找城市发展中的问题和短板，为城市更新提供依据和指导。城市更新则是实施治理"城市病"的过程，旨在通过提升城市的品质、功能和结构来改善城市的发展状况。因此，城市体检和城市更新两者密切相关，前者是后者的基础和指导，后者是

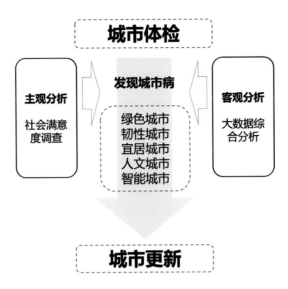

图 3-1　从城市体检到城市更新的过程示意图
（图片来源：自绘）

前者的实施和应用。通过相互衔接、相互支持，城市体检和城市更新将共同推动城市的可持续和高质量发展。

## 3.2　城市体检作用于城市更新的相关实践案例

### 3.2.1　北京：以地块和街区为单位，小规模、渐进式体检

#### 3.2.1.1　北京城市副中心老城区更新与双修

北京城市副中心老城区更新和双修实践采用了"城市双修"技术要求，建立了一个工作框架，包括城市体检、专项规划、行动计划和重点示范项目。在工作的初期，北京城市副中心老城区选择以地块作为体检的统计单位，这使得后期的分析评估工作更加灵活。除了可以实现对老城区各项指标的总量判断，还可以从任何一个专项系统进行统计分析。此外，还可以按照任何空

间范围（如街区、街道、社区、实施单元）对数据进行统计分析和交叉判断。

在北京城市副中心老城区更新与双修过程中，通过对58.5平方千米范围内2626个现状地块、1554个道路路段、897个设施点位进行数据收集和分析，建立了体检信息表，以明确地块级的数据精度。每个地块的体检信息表包含城市生态环境、城市绿地系统、公共空间建设、城市风貌景观、历史文化保护、居住社区品质、公共服务设施、市政基础设施、道路交通设施、存量用地更新能力等多个方面的现状数据和定量评估信息（图3-2），为后续的城市更新与双修工作提供了基础数据支撑。

### 3.2.1.2 北京城市更新"最佳实践"学院路一刻钟生活圈实践项目

学院路一刻钟生活圈实践项目以街道为主体、街区为单元探索城市更新。根据城市特征和肌理，学院路街道将辖区划分为若干街区，对每个街区开展系统的空间摸底与城市体检，查找"不平衡不充分、不协调不匹配"的问题（图3-3），如石油共生大院即针对大院壁垒、协作失灵的治理困境，在梳理地区需求与短板后，在街区层面上系统性地统筹空间资源，实现街区内资源互补、组团联动，更高效、更有针对性的补充民生短板。针对不同生活圈的体检才能实现以人的需求为核心，街区体检是摸清街道更新需求和民生短板的有效路径，也是城市更新与街区治理的首要环节。

学院路街道创新街区更新4+1工作法（图3-4），即通过街区画像、街区评估、街区更新规划、实施四步完成更新。以街区为单元，在空间上由过去的街巷覆盖到整个街区，在任务上由单纯的环境整治向社会、文化、经济和城市治理等多维度拓展，共同推动城市复兴。

街区画像和街区评估是街区前期体检的重要环节。街区画像旨在全面、精细、深入地展现街区的全貌，包括人口、空间和文化等多维度。它需要了解本街区人口特征、资源分布和使用情况，并探索属于这里的文化基因。通过对基础情况的调查摸底，为下一步的精细化提升和治理打下坚实基础。街区画像还可以作为街道对接一年一体检工作的平台。

学院路街道街区规划对29个社区的情况进行全面盘点，对街道存量空

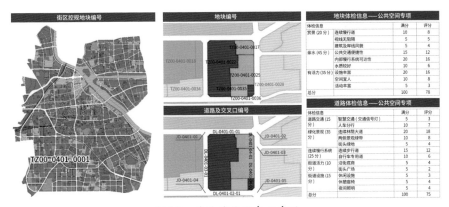

图 3-2 地块体检信息示意图
（图片来源：张乐敏，2022）

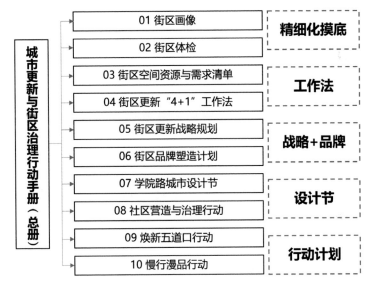

图 3-3 城市更新与街区治理行动手册示意图
（图片来源：自绘）

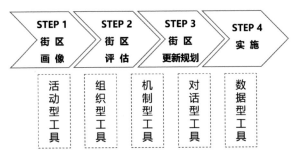

图 3-4 街区更新 4+1 工作法示意图
（图片来源：自绘）

间及存量建筑资源进行系统摸底，对街道人口特征进行多层次分析，对地区企业特色进行系统描绘，并对地区历史进行深入研究，形成《街区画像》和《空间资源清单》手册。

街区评估则通过大数据研判、实地调研、访谈、调查问卷等多元评估手段，从人与空间的关系、矛盾、需求、差异等方面进行体检评估。调查分析街区发展真问题和短板，判断与上位目标的差距，了解不同群体的诉求，通过深入体检和客观评估寻找街区更新方向。

学院路街道通过线上线下等方式累计发放6轮共3809份问卷，覆盖学院路街道全部29个社区、大学及科研院所。累计访谈50余次，实地踏勘40余次，收集每一个在地单位诉求，形成《街区体检》和《地区单位需求清单》手册。

### 3.2.2 广州：自上而下与自下而上的桥梁

作为2019年首批全国城市体检试点城市，从2020年开始，广州市探索建立了"城市体检观察员"制度，面向社会公开招募城市体检观察员（图3-5），

为城市健康"把脉"。"城市体检观察员"制度是广州首创的公众参与制度，在体检中，除了高效的专业化、制度化检查，倾听患者的感受同样必不可少。广州在城市体检中也创新多元化公众参与方式，让生活在广州的市民街坊充分参与到"城市体检"中，解决城市体检服务"最后一公里"的难题。

620名来自社会各界的城市体检观察员通过培训，肩负起收集意见的工作，为城市体检建言献策，健全"以区为主、市区联动"城市

图3-5 报名申请"城市体检观察员"现场

体检工作机制，市、区、街道、社区形成工作合力，推动问题"边检边改""即检即改"。广州市城检办相关负责人介绍，仅 2021 年，就有近千名社区街坊，现场向城市体检观察员反映了诉求和建议。"为了更大范围地了解群众的烦心事，市城检办还开展城市问题专项治理成效调查，由各区开展区级社会满意度调查。通过多元化的公众参与，各类调查回收问卷合计超过 21 万份。"一网统管和市民参与互为补充，让城市体检找准病灶，做到药到病除。

在过去几年间，广州城市体检采用了多种方法和角度，通过动员全民参与，反映民众关心的议题。每年的主题均关注民生问题，例如 2019 年解决交通拥堵和城市内涝问题，2020 年聚焦城市公共卫生服务，2021 年则致力于改善老旧小区的微改造等问题。广州一直以解决问题为导向，通过城市体检提供高服务的质量，为实现老城市的新活力和展现城市的特色做出努力。

### 3.2.3 成都：分区治理，靶向治疗

作为首批城市体检和城市更新双试点城市之一，近年来，成都以体检发现的问题为指针，实施"靶向治疗"。通过城市体检不断发现问题，并持续跟踪问题的整治成效，通过检查、诊断、防治，建立环环相扣防未病、治已病的全链条工作步骤，实现从粗放型管理形态向精细化管理模式跨越。

成都首创性采取市区两级同步体检、整治与体检同步开展的"双同步"工作模式。以"必检指标 + 自选指标 + 特色指标"的形式建立"10+20+$N$"的区级指标体系，推动市区同步查找问题。市本级提出了 30 项城市治理主要任务、92 项可检验成果，15 个区共查找出 175 项主要问题，制定并实施了 542 项治理任务。成都在区级层面的探索具有典型性和示范性，各区通过建立符合自身实际情况和未来发展需要的城市体检指标体系，将体检工作与城市建设重点工作结合。如锦江区将城市体检重点放了在新经济高地、国际化城区建设中，寻找突出"天府文化窗口、品质生活典范"等方面的着力空间，并针对锦江区存在的城市系统性问题、民生短板问题与软环境提升问题，结合成都市"十四五"工作重点"幸福美好生活十大工程"，以及疫情

防控十项基础工作"大体检"的工作要求，提出了"诊疗"方案和预防措施。同时，青羊区、金牛区、新都区等区级体检也结合各区实际，提出了相应的城市体检诊疗方案，实现了各区"城市病"的精准诊治。通过"精准治理、靶向发力"，分区域采集汇总动态指标数据，运用大数据准确分析、科学研判，系统精准地治理城市病。

## 3.2.4 重庆：以"城市体检"推动"城市更新"有"三策"

重庆在推进城市更新行动的过程中践行"人民城市人民建、人民城市为人民"的理念。通过"三策"，以城市体检为抓手推进城市更新，统筹城市规划建设管理。

### 3.2.4.1 第一策——扩大体检范围

2020年6月，重庆入选第二批36个城市体检样本城市，围绕住房和城乡建设部确定的生态宜居、健康舒适、安全韧性、交通便捷、风貌特色、整洁有序、多元包容、创新活力8个维度，探索以城市体检推动城市更新工作。2021年，重庆城市体检再次升级，自检范围由主城中心城区（9+2区）扩大到主城都市区（21+3区），在成渝地区双城经济圈建设背景下，探索开展都市区的城市体检工作。从老百姓最关心的身边事入手，发动中心城区和主城新区共24所中小学、3所高校、21个企业园区，针对学生家长、高校学生、园区企业职工开展满意度补充调查，在江北国际机场航站楼、沙坪坝、李子坝、红旗河沟等轨道站点，解放碑、观音桥、大坪等核心商圈进行布点宣传及问卷调查，吸引居民对城市建设提出宝贵意见，重庆社会满意度调查的问卷采集工作完成数量排名全国第一。

### 3.2.4.2 第二策——形成"城市病"清单

重庆通过城市体检，形成了一份"城市病"清单，包括"城市体检综合诊断表""城市发展优势清单""城市发展短板清单"和"城市病清单"。其中，"城市体检综合诊断表"综合客观评价和居民满意度调查，对城市综合指标进行评估。通过"城市发展优势清单"和"城市发展短板清单"横向对比，挖掘重庆的发展优势和短板。而"城市病清单"则聚焦老百姓关心的热点问题，对重庆的城市运行状况进行诊断。最后，重庆制定了"城市治理项目建议方案"，通过发挥优势、补齐短板、治理问题等方式，制定具体的城市治理方案。九龙滩片区、磁器口步行街都通过城市体检向政府提出了包含公共活动空间、江边景观、亲水岸线、通堵点、风貌特色、文化资源与保护等多方面问题的体检清单，并将这些问题融入改造中。

### 3.2.4.3 第三策——限时销号解决

城市体检的根本，还是要发挥公众参与在城市治理的主体作用，查找老百姓最关心、最急切解决的城市问题，从而提升人民群众的获得感、幸福感和安全感。针对体检发现的短板和"城市病"，重庆形成了"城市治理项目方案"，向相关市级部门提出了48项工作建议；将相关结论和建议融入《重庆市城市提升"十四五"行动计划》《重庆市城乡人居环境建设"十四五"规划》以及城市更新等重点工作安排中。针对双钢路、南京路社区居民提出的"缺少停车位、消防通道太窄，增加公园绿化、增加休闲座椅"等问题，组织开展老旧小区更新行动，一年时间就将问题全部整改完成（图3-6、图3-7）。

图 3-6　九龙坡区的九龙外滩广场

图 3-7　渝中区双钢路社区文化长廊改造

## 3.2.5　长沙：建立标准化的城市更新片区（单元）城市体检技术流程

为规范长沙市城市更新片区（单元）城市体检和策划工作，根据城市体检和城市更新相关政策和有关文件精神，长沙市城市人居环境局编制了《长沙市城市更新片区（单元）城市体检和策划技术指引》（简称《技术指引》），明确了城市体检和策划的流程及内容（图3-8），建立完善了城市体检指标体系。长沙市城市建成区"六区一县"范围内的城市更新片区（单元）的城市体检和策划工作，以及宁乡市、浏阳市都参照执行。

《技术指引》明确提出更新片区（单元）城市体检和策划的成果是由城市体检报告和策划方案两部分构成，做实了无体检不更新，把体检成果与更新方案有效结合。城市体检评估包括了片区调研、分析论证、体检结论和更新建议四部分，由体检的详细分析论证诊断和总结出片区（单元）存在的问题，策划方案结合城市体检的问题清单、资源优势清单、约束条件清单和更

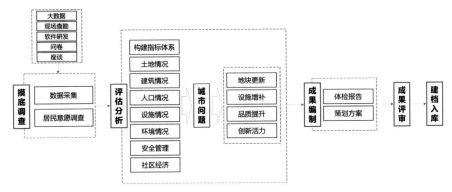

图 3-8　城市更新片区（单元）城市体检和策划流程图
（图片来源：自绘）

新需求等，提出片区（单元）的更新策略，并通过规划和用地方案、运营和更新方案的提出将更新做实、做细。将城市体检和策划方案两个工作流程串联起来，使体检更有针对性，也让更新方案更具科学性。

# 3.3　城市体检作用于城市更新的指标选择

面向城市更新的城市体检是为了推动城市人居环境高质量发展而进行的一项工作。通过建立指标体系，运用统计、大数据分析和社会满意度调查等方法，收集城市相关信息。为解决好房子、好小区、好街区、好城区四个方面问题，重点围绕城区、街区、社区、住房四个维度的多个层级为城市更新做前期评价，这四个层级通过形成"基础 + 特色"的指标体系，评估城市建设现状，分析"欠账"和不足，研判城市更新的重点和难点，确定城市更新的重点方向。

## 3.3.1　城区（城市）维度

一方面将中心城区作为整体层级开展体检，在城市层面增加能反映城市竞争力、承载力、可持续发展且能有效指引城市更新工作方向和顶层设计的特色体检指标；另一方面将中心城区各区作为分区层级开展体检，增加"已征收未利用的建设用地面积""居住建筑公房产权占比"等指标，指引区级城市更新规划编制，强化对城市规划建设管理的统筹力度。

### 3.3.2 街区维度

街区维度体检主要从功能完善、整洁有序、特色活力三个维度，围绕十五分钟生活圈建设、打造活力街区等目标，增加"城市排水设施异味消除率""道路无障碍设施设置率"等特色指标，查找街区突出民生问题，找准公共服务设施缺口以及街道环境整治、更新改造方面的问题，形成街区的问题台账，评估街区更新潜力，作为编制更新片区策划、生成城市更新项目、建立更新项目库、制定更新年度计划的依据。

### 3.3.3 小区（社区）维度

小区（社区）维度体检主要从设施完善、环境宜居、管理健全三个维度，结合推动老旧小区改造，建设完整社区、现代社区、智慧小区等要求，增加"完整居住社区覆盖率""智慧小区占比"等特色指标，全面摸清养老、托育、停车、充电等设施缺口以及小区环境、管理方面的问题，查找小区（社区）公共服务设施短板与老百姓急难愁盼问题，形成问题台账，推动社区更新。

### 3.3.4 住房维度

住房维度体检主要从安全耐久、功能完善、绿色智能三个维度，围绕住房安全耐久、功能完备、绿色智能等方面，聚焦老百姓住得"放心、安心、舒心"，增加"CD级危房数量""公房数量"等特色指标，查找居民住房使用安全、住宅性能、低碳节能、数字化改造方面的问题，形成住房的问题台账，确保指标表述简明易懂，让人民群众能理解、有共识、愿参与，推动住房更新改造。

# 3.4　城市体检推动城市更新的实施路径方向

## 3.4.1　提高对城市问题诊断的精准性

城市就像人体，是个复杂系统，每年一次的全省体检属于常规体检，只能发现一些普遍性问题，如果需要更详细的结果，就需要再进一步去做内窥镜、CT 等检查，这样才能更准确地确诊，从而有针对性地治疗。当下的城市更新，不再是简单的修修补补，而是要针对问题开出"药方"，在诊断的基础上"对症下药"，因此，"城市病"的治理比诊断更重要。北京城市副中心老城区更新与双修通过探索城市更新地段精细化体检评估的技术方法与工作范式，从而推动城市更新规划的精细化规划实施与治理。

城市更新规划需要依靠精准的数据支撑，以指导不同层次的城市更新实施。不同主体在实施城市更新时，都需要分析各自关注的方面，如规划、园林、交通等主管部门需要评估城市专项系统的情况，街道、社区等属地管理部门需要评估本地区的情况，开发建设平台公司需要评估项目内的情况。因此，数据采集需要在前期进行地块级的精准采集，以实现多维度的体检评估。只有通过精细化的科学体检，才能准确发现城市更新中存在的问题，有针对性地制定解决方案，帮助改善城市居民的生活环境，提升城市的发展水平。

## 3.4.2　引导城市更新建立分级诊疗体系

当前城市更新内容丰富、任务众多，但因规模不同、目标不同，不同层级城市更新面临的问题和需求也不一致。地块层面的更新主要聚焦具体老旧建筑及相关设施的改造提升，街区层面的更新侧重于完善社区功能、补齐设施短板、提升物业服务，总体城市更新重点在制定更新计划、划定重点改造区域及提出策略，到区域层面，则根据都市圈、城市群的不同发展阶段有不同的侧重点。

《成都都市圈发展报告（2021）》号称全国首份都市圈体检报告，侧重于统筹、共享、协同、均等等区域合作方面，以期通过找出成德眉资区域四城在创新协同、产业协作、生态共保、交通互联、生活同城、文化共建、共享水平等方面的协调问题，提出针对性的建议和举措，引导和促进成渝地区双城经济圈的同城化速度加快。《武汉市社区生活圈更新规划》则结合《武汉市一刻钟便民生活圈国家试点城市建设实施方案》聚焦"15分钟生活圈"，将更新和体检聚焦到人，将人居特征识别作为体检的重点，改造和更新也更加侧重于人居生活需求和设施建设。城市更新要有系统性、整体性、协同性的观念，建立科学有序的体检体系，不能用"一把尺子"标准衡量城市问题，只有通过分级体检引导城市更新分层实施，坚持差异性、主导性和特征性原则，根据不同层级的目标和要求，找出具体问题所在，才能提出与地块、街区、城市、都市圈等对应的合理对策，通过温和渐进的"微改造""针灸式"更新完善城市各项功能。

### 3.4.3 推动城市体检更新形成完整闭环

把城市视为一个有机体，根据"制定体检方案、确定指标体系、查已病防未病、完善体制机制、强化规划引领、项目落地实施、改进评估反馈"的路径方法，实现全生命周期的城市治理体系，健全"体检—更新—评估"全过程，推动诊断治理一体化，有效提升城市体检推进城市治理现代化的能力，实现由事后发现、检查和处理问题向事前监测、预警和防范问题转变，形成以城市体检促进项目转化，推动城市更新的工作闭环。

以长沙市为例，将城市比作一个有机生命体，并通过创新的治理方法，探索了闭环式的"六步工作法"，即开展城市体检、完善机制体系、制定项目计划、推动项目实施、评估治理效果、发布宜居指数，构建了检测、评价、诊断、治理、复查、监测、预警闭环式城市体检工作流程，将城市体检与治理相结合，通过信息化平台实施常态化的监测预警（图3-9）。这种模式可以推广至其他城市，根据城市高质量发展的目标，寻找差距并提出建设路径，建立类似的评估、分析和建设的动态化体检模式。

### 3.4.4 促进体检更新配套标准制定实施

当前城市体检更多地关注城市总体层面的问题，对于具体街区、单元层面的问题关注较少，指标颗粒度不细，不足以指明问题，因此亟须加快制定与城市更新层级适应的城市体检标准。各省由于城市发展阶段的不同和建设要求的不同，因此建议以省为单位出台技术标准，以技术规范或指南的方式将面向城市更新的城市体检的流程、指标内容和成果形式确定下来，通过省级层面进行发布，与城市更新的相关技术标准配套使用，全面提升城市体检与城市更新标准的衔接水平，促进城市更新中现状评估评价相关工作的规范化和标准化。

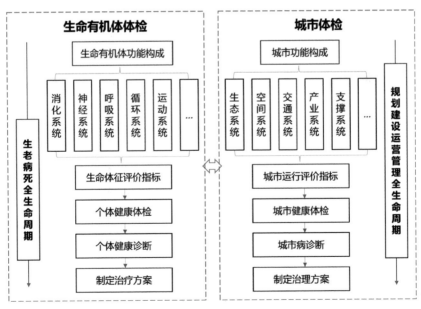

图3-9 长沙市城市体检"全生命周期"工作原理探索
（图片来源：自绘）

### 3.4.5  构建城市体检更新智慧数据平台

以城市信息模型平台为基础，建立城市三维空间模型和城市信息的有机综合体，以实现对城市"体态"的动态可视化监测。通过智能化模式，实现了全过程的"指标管理、数据采集、综合展示、体检评估"。建立了城市体检信息系统，并与城市信息模型平台进行对接，实现了信息共享和互补，以对城市"体征"运行进行监测。城市体检诊断分析系统则通过纵向时间对比和横向城市间对比，反映城市发展的运行态势和与其他城市的异同。智能化辅助决策分析系统结合不同指标的影响因素差异，直观展示城市问题所在，并根据不同维度深入评估社区和街道的完整性，挖掘细颗粒空间层面的具体问题。最终结果以"体检报告"的形式形成体检结果，并通过城市体检平台动态监测和完善体检信息管理系统，科学支撑城市精细化治理工作。有的放矢地开展数字基础设施投资，探索建设智慧生活设施。

成都市在统筹推进城市体检与城市发展的工作中，充分结合"智慧蓉城"平台（图3-10）和新城建工作，推进城市运行管理服务平台建设，目前平台已建成9个子专题，基于GIS（地理信息系统）技术对全市"12+2"市辖区的相关体检情况进行分区域、数字化展示。通过夯实云、网、数基础支撑，建设城市大脑，已经集聚城市体征、监测预警、事件流转、指挥调度、监督评价等功能，打造疫情防控、交通管理、应急管理、智慧公安、生态环保、水务管理、智慧社区等重点领域智慧应用场景，通过强化大数据分析和叠加应用，为城市管理者提供更为强大的决策、控制和服务支撑，不断推动"高效处置一件事"，提升城市运行"一网统管"能力，未来，该平台还将与城市信息模型、建筑信息模型充分融合，深度挖掘"城市体检＋场景"应用，为更好开展城市体检、建设没有"城市病"的城市提供有效路径。

### 3.4.6  建立城市体检更新长效管理机制

将城市体检与城市更新紧密结合，推进城市治理工作。可以通过建立运

图 3-10　成都市"智慧蓉城"平台

行机制，将城市体检与政府年度工作相结合，为科学决策和资源投放提供指导。同时，总结可复制和可推广的城市更新专项体检试点经验，将城市体检机制与城市更新涉及的基础数据调查、更新规划、片区策划、项目计划和绩效评估等工作相结合。分类开展专项体检，建立更新数据库、居民意见库、更新指标体系和项目评估机制。逐步构建"摸家底、纳民意、找问题、促更新、评效果"的工作流程，实现城市体检与城市更新工作闭环运行。

例如太原市成立了市委城市工作委员会，制订了《太原市城市体检常态化工作机制方案》，形成"评价—反馈—治理"的城市体检更新工作模式，同步建立城市工作清单，落实责任部门，细化整改措施，长期跟踪整改，纳入下一轮城市体检和考核体系，让体检更新与城市建设发展工作结合，使城市体检和城市更新成为一项可落地且可持续的工作，支撑太原城市治理能力提升。

4

面向城市更新的城市体检
创新体系构建

# 4.1　面向城市更新的城市体检多维度特征研究

## 4.1.1　面向城市更新的城市体检基本导向

### 4.1.1.1　导向一：解决"城市病"突出问题

开展城市体检，一个基本背景是要解决"城市病"等突出问题，建设没有"城市病"的城市，坚持问题导向、目标导向、结果导向，统筹城市发展建设中的经济需要、生活需要、生态需要、安全需要，综合评价城市发展建设状况。在此背景下，城市体检和城市更新成为一项联动并配套的工作，各地需要根据年度城市体检结果来编制年度城市更新和整治行动计划，依托城市体检指标分析来梳理治理清单及设定优先级，动态指导更新整治工作，并与更新规划编制相衔接，开展专项更新工作策划。在城市更新的单元及项目实施层面针对城市病问题，开展更新单元专项体检，支撑实施落地。

### 4.1.1.2　导向二：关注城市特色、因城施策

中国幅员辽阔，各个城市发展阶段与当前核心城市问题各不相同，其城市更新要求不同，对应的城市体检导向也会有所差异。在城市体检的诊断中，根据各城市规模、发展阶段、城市空间结构及增长形态，研判不同城市分类，梳理有限目标，有助于评估与诊断阶段性"城市病"。同时设置地方特色指标，选取指标项在考虑战略定位、城市特色、百姓诉求的同时，还应关注指标的成熟度、与评估目标的一致性、指标项的稳定性、指标值的年度敏感性等问题，避免就指标论指标，应面向各地的城市更新任务具体目标进行系统性问题诊断。

### 4.1.1.3 导向三：对应城市更新需求、延伸体检层级

2022年7月版的《城市体检评估技术指南》提出了关于在城市群、都市圈层面进行识别重点问题，以及可对不同区级单元进行问题诊断的要求，2023年住房和城乡建设部城市体检工作要求提出要延伸城区、街区、小区、住房四个层级，城市体检的上下延伸、体系化趋势越来越明显。各地在相关实践中也积极探索了在都市圈区域、城市建成区、城市重点功能区、街道社区等层级开展城市体检的相关经验。如北京清华同衡规划设计研究院就29个都市圈对创新热力、科技潜力、人口潜力、公服能力、网络联系度及网络成熟度六大角度进行综合体检，并对各都市圈区域提出针对性的发展对策；北京市西城区"城市体检"聚焦于首都核心职能、宜居宜业、城市环境、和谐发展、品质提升、历史文化六大方面；北京城市副中心老城区的更新与双修体检评估，探索了城市更新地段精细化体检评估的技术方法与工作范式。在众多实践铺垫下，城市体检的多层级体系构建正在不断的探索发展中。

### 4.1.1.4 导向四：嵌入全周期城市更新与治理体系

城市体检是统筹城市规划、城市建设、城市治理等各项城市工作的重要抓手，是城市更新与治理体系的重要环节。城市体检工作只有嵌入城市更新与治理全周期管理工作的各个层面、各个环节、各个维度的实际工作中，才能实现其工作意图。目前城市体检工作正在由行政层面深度介入与推动，地方政府的组织力度与多部门联合统筹工作机制愈加完备，成为城市体检深度嵌入全周期城市更新与治理体系的有力保障。随着近年来城市体检试点工作的开展，行政力度与体检技术精度不断协同推进，将使得城市体检在城市更新和治理体系中得到更多、更全面的技术与管理层面反馈，推进城市体检工作不断进行自身修正，打通多层级、多治理主体的信息联系桥梁。

## 4.1.2　面向城市更新的城市体检层级构建要求

### 4.1.2.1　城市更新的空间层级与相应要求

依据不同的尺度与层次,国际上城市更新一般可分为国家、都市圈、城市、功能单元、社区单元和特定地区等层面,各层面城市更新的关注重点、尺度范围、内容、方式方法等有所不同。对照各层次来看,目前我国的城市更新实践主要集中于城市层面,如城市双修工程、综合管廊建设、城市综合整治、海绵城市建设等,以及功能单元层面,如商业中心复兴、历史街区保护、老旧厂区改造、枢纽地区更新、滨水地区提升、旧城旧村改造等,还有特定地区层面,如历史风貌地段、城市核心地段等,而对于国家层面、都市圈层面以及社区单元层面的关注和实践仍处于初期起步阶段。

城市更新是一个复杂的工作体系,造成了城市体检工作深入开展的一定困难与挑战。首先,从城市更新的政策机制与空间行动层面来看,其包含了点、单元、区域、整体的上下贯穿一体化层级,从城市更新项目到城市更新单元以及都市圈、城市群层面的上下贯穿的更新体系,对城市体检工作提出了不同要求,以此来适应各个空间层级城市更新工作的支撑需求。其次,从具体城市更新项目的侧重内容来看,居住类、产业类、设施类、公共空间类、历史文化保护利用类以及区域综合性的城市更新项目都具有非常鲜明的更新重点,其对应的城市体检深度与精度需要下潜到具体的更新地块内部,并结合城市更新项目建设重点开展对应的体检评估调查,并要与城市更新项目的前期分析评估进行衔接,才能有效地支撑城市更新项目的实施与后期评估。因此城市更新的复杂性与系统性工作特点,对城市体检工作体系的构建提出了非常高的技术要求与工作机制适应要求,需要不断地通过大量实践来佐证与修正。

### 4.1.2.2　城市更新对城市体检上下空间传导的要求

应对城市更新在不同空间层级的实施需求,城市体检在对应城市更新空间层级设置指标与监测机制的同时,也面临着自身上下系统传导的问题。多层级体检实践的思维惯性与视角局限性往往会导致各个层级的体检依据选取、目的确立、数据来源、判断标准、关注问题、成因判断、对策方案等存在着差异与断层，无法做到全息掌握、全息共享时，便会面临各层级体检"漏洞"叠加并放大的情形，导致系统性的合成或分解误差。因此城市体检在不同空间层级的指标设置与诊断评价需要结合城市更新不同层级的侧重点做好系统性的衔接与指标的传导设计，避免出现模糊化、体检资源的分散化、体检焦点的偏移化、体检结论的干扰化问题。

这就要求在区域层级的城市体检需要更加聚焦区域一体化存在的具体更新问题；在城市层面聚焦城市发展建设中的经济需要、生活需要、生态需要、安全需要，综合评价城市发展建设状况；在区级层面聚焦城市局部地区具体城市功能与服务供给存在的问题；在街道社区层级更加关注街区治理存在的问题与基本生活单元的服务水平与服务质量中的问题。在明确各层级问题导向、目标导向、结果导向的基础上，通过构建体系框架将各层级的体检指标进行统筹联通。同时在空间数据整合层面，通过各层级数据精度的衔接设计，对接城市数据平台，来推进城市体检的空间数据建设。

## 4.2 探索城市体检工作体系的构建

### 4.2.1 城市体检体系构建目标

以推动城市高质量发展为主题，以绿色低碳发展为路径，建设宜居、绿色、韧性、智慧、人文城市，查找城市建设和发展过程中存在的问题和短板，建立"逢更新必体检"的工作制度，通过城市体检评估，增强城市更新工作的合理性和科学性。

#### 4.2.1.1 形成面向城市更新的城市体检工作体系

根据住房和城乡建设部把城市体检作为统筹城市规划建设管理、推进实施城市更新行动、促进城市开发建设方式转型重要抓手的要求，向上下延伸城市体检范畴，实现城市体检的层次化、精准化、体系化，构建适应不同空间层级城市更新需求的城市体检工作体系。以住房和城乡建设部城市体检指标体系作为基础，可结合各层级及地方特点，开展"区域、城市（区、县）、街道社区、专项（更新单元、住房等专项系统）"多体检层级的研究，以城市体检成果为基准，向上对区域层级进行指标合并综合分析，向下对各类专项层级进行指标细化分解及筛选，再叠加各城市的特色指标，最大限度避免城市体检层级脱节与工作反复，形成城市体检的多级工作内容框架。

多个层次城市体检相互联动，上下传导，构成体系。城市（县、区）体检是对各地市州及其下辖县、市、区城市体检内容的落实。区域体检以城市体检为基础，在对区域内各个城市的体检成果数据进行综合分析的基础上，叠加区域体检的特色指标分析，形成区域体检结论。街道社区体检是对城市体检在下级空间层面的细化与落实。专项体检是对城市体检的细化延伸，面向城市更新需求，在城市体检成果应用基础上，通过细化设置专项指标来深入查找城市更新详细问题，并反馈到城市更新系统中。

其中区域体检对应城市群、都市圈区域层面城市更新内容，城市体检对应城市、城市区级及街道社区层级的具体内容，专项体检对应各类城市更新单元、住房等专项系统项目，共同形成面向城市更新的城市体检工作体系。

#### 4.2.1.2 探索具有地方适应性的城市体检指标体系

根据住房和城乡建设部城市体检基本指标体系，结合地方城市发展阶段要求，客观反映各市城市规划建设管理的实际情况，可形成"区域体检特色指标 + 城市体检指标 + 专项体检指标"的城市体检指标体系。

"城市体检指标"是按照城市体检工作要求，主要围绕当年体检工作维度的多项体检指标（基准指标），加上各地自行研究提出的若干本城市特色体检指标（$X$ 指标），以及下辖县市区结合自身发展提出的区级新增指标（$Y$ 指标），最终形成的"65+$X$+$Y$"城市体检指标体系。"区域体检特色指标"是指结合区域城市圈群的发展特征，以"城市体检指标"为基础，补充的基于共建、共享、共保等区域一体化建设要求的特色体检指标评价。"专项体检指标"是指面向城市更新单元及专项系统，以"城市体检指标"为基础向下延伸细化，设置的针对城市更新单元，以及城市更新各类专项系统的体检指标，如供水与污水、防涝、环境卫生、燃气安全、道路交通、园林绿化、社区公共服务设施、住房、历史文化保护等方面的指标。

### 4.2.1.3 建立"体检评估—诊断治理—监测预警"的机制

通过"一年一体检，五年一评估"的方式，逐年对城市规划建设管理工作整体状况和重点城市更新领域的工作推进情况进行跟踪体检，构建"体检、评估、诊断、治理、复查、监测、预警"闭环式城市体检工作机制。对照城市体检查找的问题，有计划、有步骤地提出城市建设与城市更新项目清单，建立"逢更新必体检"的工作制度，强化城市体检成果在城市更新中的转化运用。结合城市信息模型平台建设，充分利用工程建设项目审批管理系统、数字化城市管理平台数据等，构建体检评估基础数据库和指标模型体系，加强城市体检工作技术支撑，构建省、市、县三级互联互通的城市体检评估信息平台，实现各层级、各城市体检数据收集、指标分析、体检报告、问题诊断、项目整改等一系列工作环节系统化、集成化、数字化管理。

## 4.2.2 不同层级城市体检的内容重点

### 4.2.2.1 城市群与都市圈体检评估对象与内容

聚焦区域发展格局，对城市圈群、次区域都市圈开展区域体检，重点对区域人居环境状态、区域各项系统一体化建设管理工作的成效进行定期分析、评估、监测和反馈，准确把握城市圈群发展状态，发现城市圈群问题短板，监测城市圈群动态变化，推进城市圈群各项建设实施工作，促进城市圈的高质量发展。

城市体检的重要目标之一是发现和解决"城市病"问题。尽管城市体检工作主要集中在城市辖区内，但城市本身并不孤立存在，"城市病"问题在不同层级和尺度上表现出不同的特征和表征。此外，病因和解决方案也不仅仅存在于城市内部，而且可以跨越城市边界，这可以拓展解决"城市病"问题的思路。在国际上，发达国家的大都市区经济发展过程和实践经验表明，要提高治理水平并解决城市发展中的限制因素和问题，城市必须与大都市区域或都市圈融合，与周边省市进行跨越行政边界的协作和规划，特别是在基础设施建设、水环境保护、空气污染治理、产业升级转型等方面，需要开展广泛而深入的城际、城乡合作。

目前成都开展了成都都市圈发展报告的编制，对都市圈开展了较为全面的体检分析，构建了"横向对外"和"纵向对内"两套指标体系，分别对应都市圈和城市两种评价尺度，其主要进行了横向各都市圈对比分析，以及同城化发展水平的相关分析，但该报告本身与目前推进的城市体检基础工作的衔接不足，自创指标体系难以对应各城市现有体检工作，难以向下落实具体问题与相关工作计划。因此在区域层级的体检评估工作仍需要更多的实践探索，使得城市体检的工作得以更好地贯穿。

### 4.2.2.2　城市及区县体检评估对象与内容

目前各地正在推进开展"市—区县—街道（乡镇）"多级联动的整体评估体检，将各政府部门、各级政府的行动计划和城市更新实施项目库整合起来，将基层的问题及诉求有效向上反馈，为各城市有针对性解决"城市病"提供技术支撑。城市及区县城市体检目前主要对市辖区及区县建成区进行全覆盖的城市体检评估，部分指标扩大到市域及县域范围，其体检成果主要用来指导城市的各项更新整治工作及项目落地，是城市及各区县编制年度城市更新和整治行动计划的基础。主要以住房和城乡建设部开展城市体检工作为基础，针对各城市及其下辖县市区，进行较大空间尺度的分析诊断评估。

### 4.2.2.3　街道社区体检评估对象与内容

街道社区体检在城市体检基础上深入开展，主要针对面临复杂产权信息和多样城市问题的城市更新改造地段。为了更细致地规划和治理，需要更加精细化的城市体检评估作为基础。然而，由于不同地区的城市管理水平存在差异，该层级对象的评估会依赖于主观和定性的判断，而全维度、精细化的分析数据较为缺失，缺乏系统的评估要求和标准体系。现有经验主要从生态空间、绿地空间、公共空间、历史文化、城市风貌、居住社区环境、公共服务设施、市政基础设施、道路交通、存量用地等方面设置相应指标并进行分析评估，以上专项评估前期在北京、上海、深圳等地进行了一定的探索性实践。2023年，住房和城乡建设部城市体检首次在街区、社区维度聚焦了对象与内容，围绕住建系统的核心职权来设置指标体系，主要包括小区、社区、街区的公共服务设施、居住环境以及社区管理等内容，本次体检涉及城区中小区层级的大量基础数据采集，尝试对下沉社区数据底盘进行构建。

### 4.2.2.4　城市更新单元及专项体检评估对象与内容

城市更新单元及专项体检主要指针对城市更新单元、住房、具体市政设施及公共服务设施项目开展的专项体检（表4-1）。城市更新单元体检评估是对单元内的建设现状进行分析与数据调查，根据单元的类型，从城中村、厂房或是其他空间的不同属性来开展评估。市政设施体检评估主要包括改造范围内的道路、照明、园林绿化、交通设施、给水、污水、雨水、燃气、电力、通信、竖向、隧道、桥梁、高压线下地、海绵城市建设、环卫、河涌建设等工程以及改造范围内其他的市政设施。如湖北省在全省市域层面开展的园林绿化专项体检，从生态宜居、健康舒适、安全韧性、风貌特色四方面出发，在全面掌握城市园林绿化现状情况的基础上，梳理清楚园林绿化实施过程中存在的问题，为推动各地园林绿化补短板、强弱项工作提供决策支撑。公共服务设施类项目则重点对民生实施、公共服务、公共空间、风貌特征等层面进行评估体检。由于更新项目在实施中涉及众多部门与开发主体，其评估要求目前也还在初步探索中，后续需要结合城市更新工作进一步与各个专项现状调查工作进行整合，形成指标体系反馈至整个城市体检体系中。

表 4-1 各层级体检对象及体检内容一览表

| 体检对象 | 体检重点内容 | 数据精度与来源 | 更新统筹实施重点 | 备注 |
|---|---|---|---|---|
| 城市群与都市圈 | 聚焦区域人居环境状态与区域各项系统一体化建设，发现城市群与都市圈问题短板，为城市群与都市圈各项建设实施工作做支撑 | 省、市级政府数据和网络大数据 | 区域均衡与重点发展结构优化调整，相关重点配套区域设施更新工作落实与统筹 | 对应区域体检层级 |
| 城市及区县 | 城市层面的系统性城市问题，为城市管理决策提供依据。区级层面聚焦各区人居环境问题，为区政府精准施策提供支撑 | 市、区级政府数据抽样调查、遥感和网络大数据 | 城市整体结构优化调整、各区存量资源配置；部署重点更新工作，统筹各区发展定位与更新单元；统筹更新相关政策工具 | 对应城市体检层级 |
| 街道社区（小区） | 精准评估片区问题，精细落实具体实施方案 | 地块级的数据精度，实地踏勘、问卷调研、互联网感知手段与智能计算的精细化诊断 | 推进重点更新工作，统筹各街道存量资源；响应并解决老百姓关注的焦点问题；响应并解决老百姓身边问题 | 对应城市体检层级 |
| 城市更新单元及城市更新项目 | 精准评估具体更新地块、市政设施及公共服务设施项目存在的问题，落实具体实施方案 | 地块级的数据精度，职能部门数据、实地踏勘 | 解决城市更新具体项目中的各类影响生活品质、城市安全的具体问题 | 对应专项城市体检层级 |
| 其他专项体检评估 | 针对城市单一完整系统的专项体检，发展系统问题 | 省、市级政府数据和网络大数据 | 响应城市专项系统存在的重点问题 | 对应专项城市体检层级 |

## 4.2.2.5 各层级体检工作模式与范围

城市体检作为全局性工作，需要高位协调的机制来保障运行，因此城市体检评估工作往往由市级层面常态化的工作专班来领导。目前城市及区县层级的城市体检一般采取了"城市自体检+第三方体检评估+社会满意度调查"相结合的模式，使主客观评价相结合，更全面地体现不同居民的多元化和异质化需求特征。区域体检涉及城市群及都市圈的各个城市，其工作组织往往由省级部门联合地方城市牵头开展，目前上海、成都等地都市圈功能评价及评估模式一般采用"自体检"模式，基于生产性服务与生活性服务，对外多维度衡量城市在区域网络中的支配与服务能力，对内聚焦总体发展质量和同城化发展水平。专项体检的开展模式目前仍在探索阶段，目前开展的如园林绿化专项体检、TOD专项体检等，一般由省市相关职能主管部门组织推进，而包括城市更新单元、更新地块的更新开发类项目的体检评估一般由具体政府实施部门来组织体检评估。不同类型体检工作的模式与体检范围具有较大的差异，需要结合具体项目类型来设置与设计具体的实施路径。

### 4.2.2.6 体检指标设计维度要求

#### 1. 城市体检指标的稳定性

城市体检评估在我国推行时间较短，尚未形成完善的机制和充分的研究。当前，国内外在城市问题、"城市病"和城市可持续发展目标之间的相互联系的量化研究工作仍十分有限。现有的工作主要集中在研究一级指标之间的联系，而缺乏对指标间相互关联的定量研究和确定。根据住房和城乡建设部城市体检指标的变化，可发现2022年新增了21项指标，删除了20项指标，优化了12项指标，变化较大，而2023年则彻底颠覆了指标体系，将体检对象延伸到住房、小区（社区）、街区、城市四个层面，形成新的61项指标。城市体检指标的稳定性不足，造成了城市体检工作的经年断层问题，为了保证城市体检评估指标的稳定性，需要长期积累体检数据并提取核心指标，为综合决策提供系统、科学的支持。

#### 2. 城市体检指标的特色性

由于城市发展涉及领域广泛，人居环境关系到老百姓的方方面面，因此需要开展有针对性的人居环境体检工作，并通过专项问题诊断找到短板并与国家及行业标准进行对比，推进相关整治工作。不同城市发展阶段需要建立符合自身人居环境建设工作的指标库，并在一段时间内保持稳定性。通过周期性的评估工作和结合城市规划的要求，不断完善城市体检工作。

#### 3. 不同尺度体检指标的维度与精度需求

现阶段城市体检设置已经成为不同空间尺度开展体检评估的基准维度，在此维度下各层级体检进行二级以及三级指标的设置与归并。由于不同尺度城市体检的基础数据精度要求的差距是比较大的，因此在设置与归并大类指标时，可谨慎选择较为适宜的几个维度进行指标分裂与加码，并结合城市更新中重点工作、群众关切、数据可得的原则，增加对应特色指标，目前该层面的研究还处于起步阶段，还需要大量的实践来优化指标维度，形成统一的维度共识。

## 4.2.3　强化各层级城市体检与空间规划体系的协同

"实施城市更新行动""推进以人为核心的新型城镇化"已成为"十四五"时期我国城市工作的重要路径方向，在此背景下中央提出了"建立城市体检评估机制"的改革任务。为落实中央任务要求，自然资源部于2021年6月发布了《国土空间规划城市体检评估规程》，同时住房和城乡建设部以推动建设没有"城市病"的城市、促进城市人居环境高质量发展为目标，在2020年、2021年、2022年组织开展了城市体检试点工作。目前各城市要同时完成自然资源部部署的国土空间规划的城市体检评估以及住房和城乡建设部部署的城市体检。根据近几年实践来看，二者的体检体系其实存在较大重合，且其指标设置上也存在较多内涵相似重叠（图4-1）。无论是站在监督规划是否实施到位角度的自然资源部门，还是站寻找城市有哪些现状建设问题角度的住建部门，其发现城市发展问题的宗旨是一致的。

从规划实施到建设落地，这是城市发展建设的必要过程，二者紧密衔接不应被分割，中央"建立城市体检评估机制"的改革任务在部门事权范畴的影响下，被分成两个事项，两个部门双轨各自搞城市体检的情况，既不利于地方政府全面掌握城市发展建设问题，也不利于地方政府将城市体检成果与城市发展建设的政府决策、城市更新行动、城市专项治理工作相衔接。自然资源部的国土空间规划城市体检评估与住房和城乡建设部的城市体检工作进行整合统筹，加强部门合作和统筹推进，加强地方政府对城市体检工作的统筹领导，构建统一城市体系构架，合理确定指标体系，打通两大城市体检数据平台，真正实现一年一次的综合城市体检，成为未来城市体检工作不断深

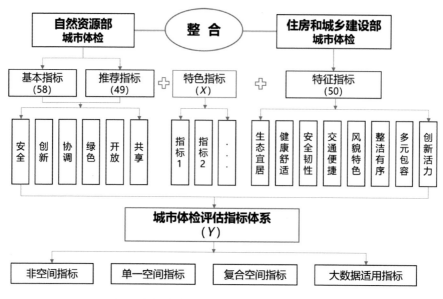

图 4-1 城市体检评估指标体系的构造

（图片来源：自绘）

入推进的大趋势。在此背景下，推进城市体检工作与规划体系协同衔接是非常必要的。

### 4.2.3.1 总体规划层面的协同

《关于建立国土空间规划体系并监督实施的若干意见》提出建立国土空间规划体系并监督实施（图 4-2），将主体功能区规划、土地利用规划、城乡规划等空间规划融合为统一的国土空间规划，实现"多规合一"，强化国土空间规划对各专项规划的指导约束作用。自然资源部《国土空间规划城市体检评估规程》提出要围绕战略定位、底线管控、规模结构、空间布局、支撑体系、实施保障等六个方面的评估内容，采取全局数据与典型案例结合、纵向比较与横向比较结合、客观评估与主观评价结合等分析方法，对各项指标现状年与基期年、目标年或未来预期进行比照，分析规划实施率等进展情况。同时结合政府重点工作实施情况、自然资源保护和开发利用、相关政策执行和实施效果、外部发展环境及对规划实施影响等，开展成效、问题、原因及对策分析，同时将城市体检反映出的问题反馈至总体规划层面进行修正。

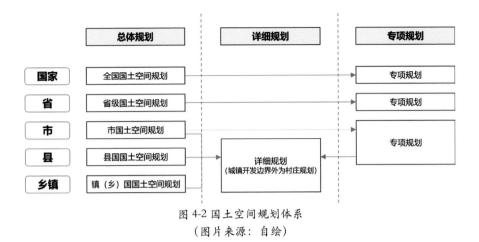

图 4-2 国土空间规划体系
（图片来源：自绘）

例如，成都在新一轮国土空间总体规划编制中，针对城市体检评估识别出的城市区域辐射力不足、生态治理系统化不足、国际化要素集聚度低、职住分离、城乡配套差距较大五方面的发展短板，提出了能级提升、发展转型、对外开放、空间格局调整、城乡融合发展五大应对战略。

从自然资源部出台的《国土空间规划城市体检评估规程》相关要求可以看到，战略定位、底线管控、规模结构、空间布局、支撑体系、实施保障六个方面是针对总体规划实施评估的主要层次，在此层次下提出了安全、创新、协调、绿色、开放、共享六个一级类别指标，与住建部门八个方面指标有所重叠。由于城市体检评估涉及国土空间治理的方方面面，两个部门的相关指标都涉及自然资源、住房建设、交通、水利和林业等多个部门。综合来看，自然资源部门的城市体检及其指标体系的设计具有"城市体检"和"国土空间规划评估"的综合性但偏重评估，其本质是在国土空间规划框架内对城市的规划与实施状况的周期性评估。在城市空间治理的过程中，对已有规划实施的评估也是重要的城市治理环节，将针对规划实施的体检评估结果纳入公共政策修正和制定的依据，对城市空间治理也是非常必要的，因此在总体规划层面，推动城市体检与规划实施评估指标检测体系相互融合衔接，制定统一的指标监测框架是非常必要的。

在区（县）级规划中，要针对城市体检中识别出的问题集中区域进行深入剖析，以制定对应的空间发展策略和用地布局方案，并提出实施策略和具体行动方案。例如，北京在城市体检评估中发现朝阳区城区南部、老旧小区和背街小巷是发展薄弱区域。为此，朝阳区在分区规划中制定了"促进南部传统工业区改造为文化创意与科技创新融合发展区""培育一批'互联网＋生活性服务业'示范企业""建立健全城市更新改造机制"等实施策略和具体行动方案。这些措施将有助于推动朝阳区在城区向南发展和存量空间挖潜过程中实现更好的发展。

### 4.2.3.2 详细规划层面的协同

在详细规划层面，应当考虑社区、街道和城区等行政管理边界，统筹城市空间治理基本单元以达到构建控制性详细规划编制、公共服务设施统筹保障、城市更新共同基础空间单元的目标。这些详细规划单元需要与城市更新单元结合起来进行统筹规划。同时城市体检也应当在详细规划层级的相关更新单元中落实，聚焦于各个单元的短板关键任务和主要问题，实现人、地、房、设施与规划编制管理实施的有效衔接，并提出单元更新的重点任务与要求。

### 4.2.3.3 专项规划层面的协同

针对专项城市体检中发现的问题，可以通过市级政府的统筹协调平台，将主要问题指标和优化提升目标任务明确到相关职能部门，并由这些部门编制具有可操作性的问题解决方案。例如，南宁市在2021年的城市体检评估中，将主要问题指标作为对应部门专项规划编制需解决的问题纳入规划编制任务书，并跟进相关专项规划编制全过程，最终由相关部门反馈主要问题解决方案，提出2035年规划指标数据，并反馈至总体规划中。专项城市体检与专项规划深度衔接，可以成为专项规划实施评估与问题检测的重要工作基础。

## 4.2.4 加强城市更新实施与城市体检的反馈机制

### 4.2.4.1 城市更新规划现状评估与城市体检的反馈机制

城市体检评估是城市更新行动的重要工作，为城市更新提供基础性指导。

城市更新行动关注城市空间结构优化、历史文化保护、城市特色塑造、社区建设等问题，以近期任务清单为依据，提高城市的居住环境品质，推动城市转型。在城市体检评估实践中，长沙市通过创新工作法，将城市体检作为片区建设的前置要素，并坚持"无体检不项目、无体检不更新"的理念，形成了城市更新"六步工作法"，被住房和城乡建设部誉为城市更新的典范。

城市更新规划是城市及区县层级的城市更新工作专项指导文件，其主要任务包括全面梳理城市更新资源和需求、明确城市更新工作目标、确定城市更新区域、划分城市更新单元、提出各城市更新单元更新策略、制定城市更新单元图则、建立城市更新项目库、提出规划实施措施和制定年度实施计划等方面的内容。在城市更新规划的现状分析与更新资源识别阶段，需要结合城市体检总体评价中心城区建设特征、建设成效和主要问题，城市更新实施情况和重难点，进行相关问题的深入研究，并在更新内容中进行重点反馈。也可尝试将相关城市体检指标纳入城市更新规划现状评估的基准指标中，分区、分单元细化及增加相关指标数据，开展更加系统的综合评估，将城市更新规划中的现状评估与城市体检工作有效联动衔接起来。

### 4.2.4.2 城市更新单元及项目评估与专项体检的反馈机制

城市更新项目的实施一般需要编制相应技术方案文件，来支撑后续办理规划、建设许可相关审批手续，以及签订项目实施监管协议，其中城市更新单元及项目地块现状评估是其前期规划研究的重要组成内容，往往包含项目基础情况分析、项目定位、更新方案、更新规模、规划调整、土地收储与供应、经济指标与效益测算、建设运营方式、实施计划以及实施保障等内容（图4-3）。由于更新实施的复杂性，其现状分析往往深挖大量的基础数据，直接将其与城市体检挂钩，容易造成核心问题的模糊与关注点的分散化问题。

因此专项体检在响应"无体检不更新"的要求下，可以探索在城市更新体检大的底盘基础上，对城市更新单元及实施项目地块的城市问题进行有针对性的数据采集分析与诊断，关注重点问题并将体检指标的维度进行聚焦与合并，形成城市更新专项（单元、地块、项目）体检专题报告工作机制，提

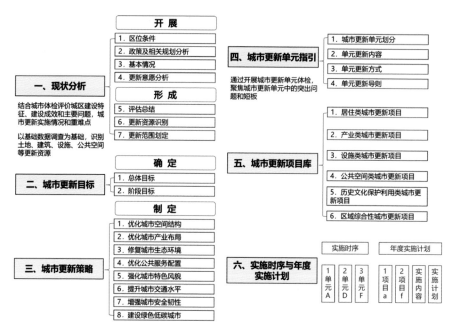

图 4-3 城市更新体系架构图

（图片来源：自绘）

出该单元、项目在城市更新中需要重点解决的问题内容与项目开展的先决条件，将公众利益最大化与前置化。除单元项目地块外，城市更新项目实施还包括以更新改造老旧市政基础设施、公共服务设施、公共安全设施，保障安全、补足短板为主的设施类项目，该类项目可与专项体检进行深度衔接。

# 4.3 区域体检

## 4.3.1 区域相关体检评价的类型与特点

### 4.3.1.1 区域发展评价——城市群、都市圈的发展水平评价

区域体检是指对城市外部城市群、都市圈以及次区域城市组团开展的体检评估。从近年的研究成果来看，针对城市群、都市圈的发展质量检测与评

价的研究是具有一定基础的，其通过对城镇化规模与城镇化质量协调发展开展总体评价，分析城镇化协调发展水平测度以及区域内城镇化空间效应。地方政府也会定期对区域内的城市群进行相关的发展统计监测工作，通过年度数据统计与收集来反映区域发展存在的问题。

目前国内外现有的发展评价体系普遍从经济、社会等方面建立综合评价指标体系，或从旅游、生态等单一角度建立针对性指标体系，关注城市群特定方面的发展，存在完全照搬城市指标体系，缺少考虑城市间的联系与协同水平的问题。由于各个地区的城市群、都市圈发展水平与阶段不同，无法照搬相关经验直接适用。目前国内开展的城市群、都市圈评价研究，主要聚焦总体发展质量和一体化发展进程两个层面。总体发展质量主要评价城市群的自身发展水平，聚焦空间集约高效、产业创新发展、生态绿色发展、基础设施通达、公共服务共享、对外开放发展、文化繁荣发展等层面；一体化发展进程聚焦创新产业协同、生态共保共治、交通互联互通、人口往来便利、公共服务共享、文化融合共通、中心城市带动等层面，反映区域治理的成效。大多研究偏向于对于各个城市群、都市圈的横向发展对比研究与结构性问题的挖掘，对城市群、都市圈内部的具体建设问题发掘还不够深入。

以《成都都市圈发展报告（2021）》为代表（图4-4），其开展了都市圈的综合发展评价，采用了横向对比、纵向评价共测进展，发展质量、同城化水平两方面开展评估的工作模式。其结论一方面反映出与上海等大都市圈的发展水平与能级差距问题，一方面反映出自身的发展结构特点，4个城市

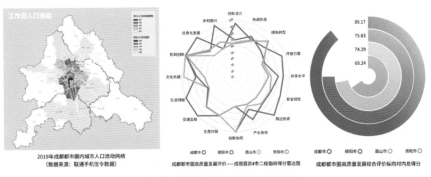

2019年成都都市圈内城市人口流动网络
（数据来源：联通手机信令数据）

成都都市圈高质量发展评价——成都晓资4市二级指标得分雷达图

成都都市圈高质量发展质量综合评价纵向对内总得分

**图4-4 成都都市圈体检分析结果**
（图片来源：《成都都市圈发展报告（2021）》）

相互的发展支撑特点与同城联系特征，落脚在较为宏观的区域发展特征上。

### 4.3.1.2 区域体检——城市群、都市圈的更新体检评估

区域城市体检的研究对象是通过人口、经济、交通流动等之间联系形成的规模庞大、结构有序、功能互补的都市圈系统以及都市圈层面城市更新存在的问题。重点在于通过个体差异反映区域发展不平衡、不充分的问题，以及都市圈内部城市之间的城际联动与协同发展关系评价。支撑区域政策制定的科学化和管理的精细化，提供智慧支撑，实现政府区域治理能力和水平升级。

住房和城乡建设部 2022 年的城市体检提出要在城市群、都市圈层面，识别重点问题，制定出台有针对性的政策措施、行动方案。第一次明确了城市群、都市圈层面的城市体检工作的要求，在城市群、都市圈层面综合评价城市发展建设状况，聚焦城市更新的主要目标和重点任务，及时查找主要问题和突出短板。因此，在城市体检大的内涵范畴下的区域体检，也可以理解为城市群、都市圈区域的更新体检评估，其体检评估方向会更为聚焦在城乡建设层面的城市问题上。由于是新的理念与要求，目前关于这个层面的研究实践还非常有限，从现有的案例来看，大多还处于将城市群、都市圈内各个城市做简单横向对比的初级研究阶段，其具体内容与指标设置，以及与城市体检的关系界定，还需要结合实践案例进一步明确。

## 4.3.2　区域体检工作模式探索

### 4.3.2.1　区域体检的工作模式

区域体检可采用自体检形式，由省住房和城乡建设厅或城市政府组织开展体检工作，以区域内各城市体检成果为基础，通过省级城市体检信息平台整理汇总，并在分析过程中补充针对区域问题的特色化指标。以官方统计数据为主要依据，结合社会大数据，建立指标计算模型和算法，完成指标测算分析，综合评价区域内部城市间的城际联动与协同发展关系，查找区域内发

展不平衡、不充分问题，并提出对策建议。同时也对区域体检工作的领导重视程度、工作组织方式、部门协调配合、工作方法创新等进行评估。

### 4.3.2.2 以都市圈为代表的区域体检工作环节

#### 1. 明确目标设定

依据都市圈的发展阶段与具体任务部署要求，紧密结合都市圈一体化、城市更新发展需求，充分认识圈内各节点城市的资源、环境、社会发展条件，提出都市圈体检评估的主要内容分类。

#### 2. 结合城市体检指标体系，进行优化设计与分析

主要工作是结合现有城市体检工作的内容、任务和目标要求进行延伸，设计都市圈体检评估的特色指标体系，并依据采集到的各个城市的特色数据指标，结合各城市已完成的城市体检指标数据库开展综合评价分析，为城市发展状态评估诊断工作提供基础依据。

#### 3. 进行评价标准的设定

针对体检工作要评估诊断的每一项指标，综合考虑都市圈发展阶段与圈内各个城市自身的发展目标、历史发展状态和水平，对标的国内都市圈发展水平，提出对体检指标进行适宜性评价的基本参照标准。

#### 4. 都市圈发展质量的评估诊断

围绕城市发展目标和年度重点任务，综合分析评价城市建设发展取得的成效及存在的主要问题。对照体检评估标准和样板城市，对城市各项体检指标逐一进行比较分析和综合评估，通过单项指标分析、多指标综合分析、城市间横向对比分析、与上一年度对比分析等方式，结合都市圈各城市社会满意度综合分析，诊断城市规划建设管理的状态、水平和趋势，在都市圈层面识别城市建设成效和问题短板。

#### 5. 都市圈更新导向问题诊断

围绕都市圈的优化布局、完善功能、提升品质、底线管控、提高效能、转变方式等六个方面，对照相关标准，分别提出六个方面存在的问题与不足。

**6. 提出对城市规划建设管理的意见和建议**

结合都市圈体检评估发展的主要问题，进行治理对策的研究，并对都市圈阶段性的工作重点提出相关建议。反馈给政府、主管部门和社会公众，引导和推动城市治理水平的提升，加强全社会对城市工作的关注、支持和参与。

**7. 都市圈发展状态监测、数据采集和基础信息管理**

依托系统完善的城市运行状态监测机制，充分利用城市各类统计数据、城市大数据和实时监测调查结果，实时掌控城市规划建设管理的运行状态，建设都市圈发展建设运行状态信息平台，为城市体检工作提供基本的数据和信息基础。

## 4.3.3 区域体检主要内容

区域城市体检工作内容以推动全域高质量发展，提升区域一体化网络治理能力与治理体系为目标，以城市体检成果为基础，以区域内各城市间"共建、共享、共保、共联"建设情况为体检对象，选取区域一体化特色指标，分析整个区域系统的联系度、协调性。

**1. 延伸体检范畴以推动都市圈高质量发展**

以城市体检为基础，将城市体检内涵上下延伸，开展都市圈体检。通过分析都市圈体检与城市体检在体检对象、体检重点、体检工作步骤和体检成果应用等方面的区别，突出都市圈评估的特色。将城市体检的内涵向都市圈体检评估延伸，对都市圈人居环境状态、规划建设管理工作的成效进行定期分析、评估、监测和反馈，准确把握都市圈发展状态，发现都市圈问题短板，监测都市圈动态变化，开展都市圈各项建设实施工作，促进都市圈的高质量发展。

**2. 提升都市圈一体化网络治理能力与治理体系**

通过都市圈体检，强化都市圈网络联系，促进发展方式由粗放型规模扩张向内涵型高质量发展转变；促进城市工作重点由重项目、重建设和重硬件向建设、运营和管理并重，软硬件运维和优化相结合转变；推进治理体系和治理能力的现代化，实现由事后发现、检查和处理问题向事前监测、预警和防范问题转变。通过这些作用，推动城市高质量发展。

**3. 涵盖都市圈各项支撑系统及重要节点**

将都市圈视作一个生命有机体，开展从整体到节点的综合体检。一方面是结合都市圈不同构成要素的特点与建设需求，对都市圈的各系统开展基础检查；另一方面是结合都市圈内不同层级城市特点与发展需求，对都市圈各城市开展检查与评估。聚焦城市更新行动，通过主客观指标相结合来分析诊断，识别存在的问题和短板，深入分析问题产生原因，提出治理措施建议。各系统和各城市可根据城市更新的目标任务，从优化布局、完善功能、提升品质、底线管控、提高效能、转变方式等六方面查找问题。

具体体检工作内容可结合实际选取相关方面延伸开展评估。如生态宜居反映区域内生态本底保护、绿色生产生活方式普及等情况；健康舒适反映区域内城市更新行动开展的情况；安全韧性反映区域内供气、供水、防洪等基础设施联通情况；交通便捷反映区域内交通设施建设的完善程度和交通运输的服务供给能力；风貌特色反映区域内风貌保护和塑造的情况；整洁有序反映区域内重要环境整治行动的开展情况；多元包容反映区域内社会事业资源共享的情况；创新活力反映区域内产业与技术转移和联通的情况。

# 4.4　城市体检

## 4.4.1　城市体检工作模式与环节

### 4.4.1.1　多维并检的工作模式

目前城市体检一般采用"城市自体检 + 第三方城市体检 + 社会满意度调查"多维并检的工作模式，既在工作组织上三管齐下，又在工作过程中能做到三位一体、相互校核。

城市自体检即成立以市政府多部门联合组成的"城市体检工作小组"，以该小组作为城市自体检工作主体，参照国家开展城市体检评估的统一要求，联系本市的相关工作目标，开展调研、任务分解、建议、督促等行动。

第三方城市体检指组织相关机构以第三方视角开展的城市体检工作。第三方城市体检工作基于对人工智能、网络爬虫、地理信息系统、遥感、物联网等技术的应用，以社会大数据为核心，政府统计数据为辅，搭建体检数据自采集系统，从数据采集渠道确保第三方城市体检工作独立性，并组织相关专家，基于自采集数据分析及调研城市，完成城市体检报告。

社会满意度调查通过问卷调查手段获取居民对城市各领域的主观感知评价，来揭示实体城市建设与居民个体需求的互动规律，与传统客观评价的单一视角互为补充，从而达到认识并推动改善区域人居环境和服务民生的目的。

### 4.4.1.2 城市体检评估工作环节

#### 1. 目标设定

依据上级与本市（县）的发展方向、阶段目标、具体任务部署要求，紧密结合人民群众的诉求，充分认识本地的资源、环境、社会发展条件，提出城市体检评估的主要内容分类。

#### 2. 指标体系设计和统计分析

主要工作是结合城市体检工作的内容、任务和目标要求，设计城市体检评估指标体系，并依据采集到的城市发展状态监测数据，分析计算城市各项体检指标的取值，为城市发展状态评估诊断工作提供基础依据。

#### 3. 评价标准的设定

针对城市体检工作要评估诊断的每一项指标，综合考虑国家和地方制定的标准规范，城市自身的发展目标、历史发展状态和水平，对标的国际、国内城市发展水平，以及市民的意见等因素，提出对体检指标进行适宜性评价的基本参照标准。

#### 4. 城市状况的评估诊断

对照体检评估标准和样板城市，对城市各项体检指标逐一进行比较分析和综合评估，通过单项指标分析、多指标综合分析、城市间横向对比分析、与上一年度对比分析等方式，诊断城市规划建设管理的状态、水平和趋势。其中在第三方体检中，还可以对各城市体检指标进行城市间的横向对比和排序，揭示城市间发展的差距，发挥城市体检鼓舞先进、督促后进的作用。

**5. 提出对城市规划建设管理的意见和建议**

根据城市体检指标评估诊断结论，提出改进城市规划建设管理的具体意见和建议，并以各种切实有效的方式，反馈给政府、主管部门和社会公众，引导和推动城市治理水平的提升，加强全社会对城市工作的关注、支持和参与。

**6. 对改进成效的评估针对城市体检反馈的意见和建议**

定期评估考核落实成效，形成城市体检的完整工作闭环，以城市体检工作为抓手，推动城市实现规范化、制度化、常态化治理。

**7. 城市发展状态监测、数据采集和基础信息管理**

主要通过建立系统完善的城市运行状态监测机制，充分利用城市各类统计数据、城市大数据和实时监测调查结果，实时掌控城市规划建设管理的运行状态，建设城市发展建设运行状态信息平台，为城市体检工作提供基本的数据和信息基础。城市信息平台建设是持续的动态过程。

## 4.4.2 城市体检主要内容与体检维度

### 4.4.2.1 城市体检的范围确定

**1. 城市体检范围**

根据住房和城乡建设部城市体检评估指南要求，应对城市建成区进行全覆盖的城市体检评估。体检评估范围应在市辖区网格建成区的基础上，结合最小社会管理单元社区或行政村边界划定。对于市辖区范围内具有主副、主次组团空间结构的城市，特别是对于超大、特大城市，应划分两个层级的体检评估范围。即包括市辖区内所有建成区的体检评估范围以及集中连片建成区、城市副中心、各类国家级新区/开发区所形成的建成区，其余的外围城区、一般建成区应在区级城市体检工作中体现。

**2. 区级城市体检范围**

以各区涉及的建成区进行全覆盖的区级城市体检评估。

**3. 街道社区体检范围**

一般以城市体检范围覆盖的街道社区的行政范围线为界限展开体检。

从已开展实践中确定的城市体检范围来看，除了少数指标涉及市域范围，基本上地市体检都聚焦在市辖区的建成区范围，部分开展城市体检的县市的体检范围也聚焦在县城城区建成区，部分在市辖区外围的城市功能组团未能纳入城市体检的范围。随着城市体检体系的不断完善，未来市域范围内的更多承担城市功能并有一体化发展趋势的县城、新区、开发区、乡镇建成区都可逐步纳入城市体检的范围中来。如河北省在2022年开展了城市体检扩面，在全省实现了设区市城市体检的全覆盖，体检城市覆盖包括设区市、县级市、省直管县、县城的所有城市类型，并结合不同城市级别的工作要求不同，评价标准略有差异，在落实住房和城乡建设部评价标准的前提下，注重设区市、县级市差异，分级制定了省级指标体系评价标准，其中唐山市率先探索设置区级、街道级等延展体检指标，更好地发挥多级指标的适用性。

### 4.4.2.2　城市体检的层级关系

城市体检是一项系统工程，需要涵盖众多要素，并考虑不同的层级。城市的各级层次（城市级、区级、街道级、社区级）存在层层嵌套的关系。城市问题具有空间异质性和尺度效应，不同空间层级面临的问题存在差异，需要采用不同的治理手段。城市层级体检着重于探讨城市发展方式、城市转型和城市定位等问题，区级体检关注公共服务、功能配套空间布局和功能品质提升，街道和社区层级体检则侧重于关注居民实际生活需求和生活配套问题（表4-2）。为了提高城市体检的精细化水平，除了在城市宏观层面进行评价，还需要针对城市更新行动目标和更新片区计划，进行区级—街道社区层级的中微观尺度体检。

表 4-2　不同层级体检对比

| 尺度层级 | 关注重点 | 体检范围 | 调查群体 | 体检方式 | 体检内容 |
|---|---|---|---|---|---|
| 城市层级 | 城市定位实现程度；城市总体发展目标 | 全市域范围 | 市域范围内各类群体 | 自体检、第三方体检、满意度调查 | 生态宜居、健康舒适、安全韧性、交通便捷、风貌特色、整洁有序、多元包容、创新活力 |
| 城区层级 | 城区功能定位状况；公共基础设施建设情况 | 区辖区范围 | （不限于）区辖区范围内各类群体为主 | | |
| 街道层级 | 街道人居环境质量；便民设施情况 | 街道范围 | （不限于）街道范围内各类群体为主 | | |
| 社区层级 | 居民生活质量；便民设施情况 | 社区范围 | 社区管理员及社区居民为主 | | |

### 4.4.2.3　城市级及区、县城市体检内容

**1. 城市级的城市体检工作内容**

城市级的城市体检工作应紧扣新发展理念和城市人居环境高质量发展内涵，贯彻以人民为中心的发展思想，选取指标维度开展评估。体检指标传导沿用基础性指标的同时，结合城市自身发展战略、阶段和特征，以及地理与人文环境，增加若干能够体现城市特色的指标。根据指标评价结果，结合社会满意度调查问卷，把脉城市人居环境现状特征、短板及问题，复核上一年度城市体检治理对策的实施成效；体检城市可以对近五年城市人居环境建设的整体状况进行评估，发现相关领域工作成效及突出问题。通过城市体检逐步实现培育新发展动能、提升城市品质、焕发城市人文活力、提高城市安全韧性等工作任务。

**2. 区、县级的城市体检**

区、县级的城市体检主要内容应基于县、市、区政府事权范围，聚焦城市建设实施工作。综合考虑各县、市、区的主导功能定位和自身特色，重点在城市更新实施、公共资源优化配置、各项民生福祉等方面开展体检评估工作。如上海在 2021 年下辖各区开展城市体检时，提出了体检指标传导沿用

基础性指标和市级新增指标的同时，可以结合县、市、区自身发展战略、阶段和特征，以及地理与人文环境，增加若干能够体现地方特色的指标，最终明确评价标准。重庆在 2021 年城市体检中，形成了以《2021 重庆市城市体检综合报告》为核心的"1+2+13"城市体检成果，即 1 份综合报告，加中心城区体检报告和主城新区体检报告 2 份报告，再加主城新区共 13 个区的分区体检报告的形式。

### 4.4.2.4 街道社区层级城市体检内容

街道社区（乡镇）城市体检的主要内容应侧重城市居民现实生活需求，聚焦市民关注的热点、焦点问题，围绕服务设施、市政设施、公共空间环境、生活安全、居民满意度和认同感、社区治理等方面设置体检指标，并同本地老旧小区改造、完整居住社区建设等工作紧密结合。重点联动本街道（社区、乡镇）的城市更新项目库，通过城市更新项目查找和解决城市问题，并将体检结果反馈到城市更新项目的考核验收过程中。

街道社区体检评估指标体系框架的构建需要从上到下进行推导，以政策和规划理论为基础，总结出社区体检所需达成的目标和任务要求，构建具有引导作用的主指标层级，并确定相应的分指标项目。在指标选取过程中，需要考虑社区构成要素的完整性和可操作性，以满足不同类型社区的体检评估需求。同时，需要避免社区层面无法解决的矛盾和问题，并集中精力解决本质问题和重点任务。

广州在街道社区层面进行了体检探索，以推动街区更新为目标导向，聚焦社区和街道尺度的典型特色与存在的突出问题；重点关注、梳理现状配套设施，完善服务设施体系作为后续规划指引的重点；同时对公共空间、风貌、创新活力等方面存在的问题进行梳理，对文化特色、场所品质进行评估，发现存在的不足（图 4-5）。指标体系包括体征指标和评价指标两部分，街区体征指标有 7 项，评价指标基于住房和城乡建设部提出的八大评价维度构建而成，共包括 18 项一级评价指标、52 项二级评价指标。

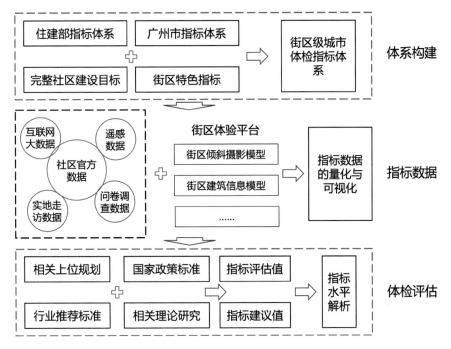

图 4-5 广州街区级城市体检评估框架
（图片来源：自绘）

2023 年住房和城乡建设部城市体检工作在街区、小区层面做了新探索，提出在街区层面问诊老百姓主要关切问题，聚焦功能完善、整洁有序、特色活力等短板，明确街道问题清单、整治清单；在小区层面问诊老百姓身边关切问题，聚焦功能完善、环境品质、管理健全等问题；在住房层面（住房专项）聚焦建筑安全、舒适宜居、绿色智慧等。并响应街道社区的城市更新工作，盘活街道资产，解决住房、社区等维度长期存在的安全问题、补短板工作。由于城市体检整体工作纵深加大，需要多专业、多背景的人员共同参加到体检工作中来，更加细化指标体系，同时也需要更精细的工作方式，如采取填报、调查、普查一体，物业加专业团队兜底的工作方式。

# 4.5 城市更新单元体检

如果说从区域—城市—区县—街道社区这些空间层级是城市体检工作在不同空间尺度的面状覆盖的话，专项城市体检则是对重要的更新单元及城市系统开展的更为详细且目标导向明确的城市"点—线"结构层面的体检评估，聚焦城市更新行动，通过主客观指标相结合来分析诊断，进一步识别城市更新"点—线"结构存在的问题和短板，深入分析问题产生原因，提出治理措施建议。专项城市体检可以分为针对城市更新重要单元开展的城市更新单元体检，以及针对城市功能系统的城市专项系统体检两大类。

## 4.5.1 城市更新单元与城市体检工作的衔接

城市更新单元作为推进城市更新的基础单元，在其层面开展体检评估，通过综合现状评估，有针对性地制定对策措施，优化片区发展目标，补齐建设短板，解决"城市病"问题，对推动城市有序更新具有重要意义（图4-6）。

城市更新单元是比较有共识的城市更新层次，但多数城市的更新单元尺度差异较大，与单元统筹管理方式、开发方式有较大关系。广东省深圳、中山、东莞等城市划定的城市更新单元一般不小于10公顷，成都、长沙等地在城市更新规划中划定的城市更新单元最大的有6平方千米左右，其尺度跨越大且具体发展情况不尽相同。目前北京、广州、唐山等地结合城市更新单元开展了相关体检评估实践工作，思路方向各不相同，反映出不同地域与类型的城市更新单元的体检评估侧重点的较大差异，并且部分城市更新单元尺度较大，其体检评估是和街道社区体检进行绑定一并开展的，这往往造成了体检内容的庞杂且指示性、目标性不清楚的问题。

按照无体检不更新的体检思路，城市更新单元相关实施工作的启动，触发点应该是达到城市体检的相关基准指标体检要求。因此针对城市更新单元的体检工作应该是前置开展的，其结论是城市更新单元的体检工作是开展后

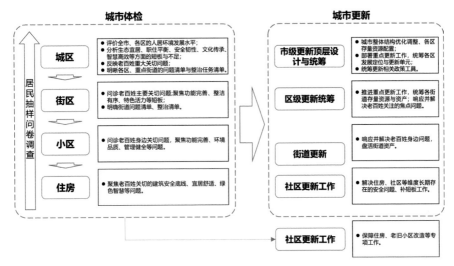

图 4-6　城市体检—城市更新评估转化框架

（图片来源：自绘）

续具体规划的先决条件，类似于控制性详细规划的出让条件对具体地块开展详细规划的先决性。因此，在城市更新单元划定后，需要优先启动城市更新单元的专项体检，聚焦重点问题分析诊断，下达需要解决的更新问题清单，再开展后续更新单元的具体规划设计或实施方案。

## 4.5.2　城市更新单元体检工作模式

首先需要优先开展城市更新规划，划定城市更新单元范围。根据各地对于城市更新单元划定的情况，可由城市政府组织开展全区域城市更新单元的统一体检，并与年度城市体检工作同步开展，实现城市更新单元的一年一度体检评估，及时反馈核心问题与更新进度。重点更新单元也可由县（区）级政府组织开展城市更新单元体检工作，体检主要采用"自体检评估 + 城市更新意愿调查"的模式，加强城市体检与城市更新单元划定、方案编制等事前工作的衔接，主客观结合地反映出核心问题。

### 4.5.3　城市更新单元体检主要内容

结合城市更新实际需求，针对特殊的城市更新单元进行精细化体检评估。通过多元大数据及现场调研，分析问题方向、设置评估标准，梳理城市更新单元的自然条件、社会经济和人口情况、土地利用现状、用地权属现状、用地建设开发情况、现状建筑情况、历史文化遗产情况、公共服务设施与市政基础设施情况、综合交通现状、绿地与开敞空间现状以及其他重要现状情况，找准问题短板。

城市更新单元体检评估主要包括基础调查、更新意愿调查、体检评估指标构建、分析评估以及更新建议等内容。

#### 4.5.3.1　更新单元现状评估

按照城市体检工作要求，可根据城市更新的目标任务，具体从区域功能与产业发展、用地布局与建筑使用、人口规模与单元容量、历史文化与风貌保护、公共空间与环境品质、公共服务设施承载力、市政交通设施承载力、安全韧性与运行管理等方面对城市更新单元进行评估，进行问题诊断。针对性开展整体设计和更新策划，以单元关联更新片区，以片区生成更新项目，以项目适用有关政策。

**1. 区域功能与产业发展**

立足于城市更新单元所在片区的整体性，评估周边地区的功能发展趋势，对更新单元内现状承载功能以及现状业态构成进行分析，结合城市更新单元的发展条件，分析城市更新单元的功能发展方向，明确更新单元的主导用地性质和配比。综合上位产业发展研究、区域政策研究，评估更新单元的产业发展机遇，分析产业发展的需求和供给潜力，提出产业发展方向建议。可对适宜和不适宜的功能、产业类别提出具体建议要求。

**2. 用地布局与建筑使用**

对更新单元范围内用地性质、用地权属、现状用地开发强度、存量用地情况、与上位规划是否相符、是否符合用地布局规范等方面进行分析，对用地结构优化利用与存量挖潜方向进行分析。对城市更新单元现状建筑情况进行分析研究，主要包括建筑质量、建成年代、使用功能、建筑高度、建筑结构、建筑密度、安全隐患住宅情况等内容。

### 3. 人口规模与单元容量。

对更新单元范围内现状人口的总量、年龄结构、职住情况、学历结构、特困人群等情况进行分析，根据城市更新单元及周边地区已规划但未实施的项目核算人口增量，核算人口总规模。结合上位规划要求，测算单元开发建设的总容量上限，综合评估规模容量的承载情况。

### 4. 历史文化与风貌保护

对更新单元范围内的老地名、传统格局和街巷肌理、历史建筑和具有保护价值的老建筑等情况、古树名木等历史文化要素进行梳理，结合上层次规划及相关技术标准、规范要求，对历史文化片区的使用功能、建设活动、风貌保护控制措施、活化利用情况进行评估，并对脱管失修、修而不用、长期闲置等问题进行分析。

### 5. 公共空间与环境品质

对更新单元范围内文体活动场地、公园绿地、街巷场地、夜间噪声、空气质量进行分析，依据相关政策文件、上位规划、专项规划及技术标准、规范的要求，对更新单元公共空间的规模、结构分布、空间品质、服务半径，以及生态环境的绿色低碳、山水本底、风环境、热环境、光环境、声环境等因素进行评估分析。

### 6. 公共服务设施承载力

对更新单元范围内与民生直接相关的养老、育儿、义务教育、社区医疗、社区零售商业等公共服务设施的种类、数量、分布和规模进行梳理。结合更新单元发展规模预测公共服务设施需求，依据相关政策文件、上位规划、专项规划及技术标准、规范的要求，进行更新单元公共服务设施承载能力分析，对各类设施的服务能力、服务水平等进行评估，发现存在的问题短板。

### 7. 市政交通设施承载力

对更新单元范围内的路网结构和密度、交通组织和衔接、公共交通站点设施布局及客流情况、停车场布局和规模、新能源汽车充电设施分布、步行网络和非机动车道网络使用情况等方面进行梳理。结合科学预测分析更新单元的交通需求和流量分布，依据相关政策文件、上位规划、专项规划及技术标准、规范的要求，从道路交通、公共交通、静态交通、慢行交通等层面进行交通影响评估。对更新单元范围内水、电、气、环卫、消防等市政设施的种类、数量、分布、设计供给能力以及实际运行负荷情况进行梳理。结合更新单元发展规模预测市政设施需求，依据相关政策文件、上位规划、专项规划及技术标准、规范的要求，进行更新单元市政设施支撑能力分析及对市政系统的影响评估。

#### 8. 安全韧性与运行管理

对更新单元范围内紧急避难场所布局和规模、消防设施布局和规模、严重易涝积水风险点位、窨井盖使用安全情况、日常街道管理和物业管理情况进行梳理。结合上层次规划及相关技术标准、规范要求，对城市更新单元的突发情况下应急保障能力和日常管理维护能力进行评估，主要包括避难场所建设、消防设施布局、易涝积水治理、空中线路管理、车辆停放管理、小区物业管理水平等方面。

### 4.5.3.2 更新单元更新建议

#### 1. 城市更新目标与建设标准建议

落实上位规划与相关计划要求，从城市更新单元所在片区发展整体性角度出发，结合现状评估结论，综合政策导向、提升公共服务、市场发展等层面需求，提出城市更新单元的更新目标、主导功能和重点更新方向的建议。明确更新单元的主导类型，涉及居住类、产业类、设施类、公共空间类、历史文化保护利用类、区域综合性等，为后续匹配支持政策提供依据。依托现状评估结论，对城市更新单元可承载规模进行研判，提出城市更新单元的开发容量（总建设量）要求，并结合体检评估指标，对公共服务设施、历史文化、公共空间、市政道路、安全韧性等方面的建设标准提出具体建议。

#### 2. 城市更新单元范围划定建议

在区域统筹基础上，落实上位规划单元划分要求，综合考虑道路、河流等要素及产权边界等因素，在保证基础设施和公共服务设施相对完整的前提下，对城市更新单元划定范围进行评估。以保留利用提升为主、防止大拆大建为出发点，落实拆旧比、拆建比相关政策要求，结合实际，对"留改拆"具体项目范围提出划定建议。

### 3. 城市更新单元重点治理清单

综合约束清单、问题清单、物业权利人更新诉求和居民更新意愿情况，列出城市更新单元的分类重点治理清单，并对应给出治理对策与建议。

### 4. 城市更新单元的风险控制对策

分析和识别城市更新单元在征拆、建设、改造过程中可能存在的安全隐患和风险，充分关注建筑安全、环境安全、社会稳定等风险点，提出风险控制的对策和措施。

# 4.6 城市专项系统体检

## 4.6.1 城市专项系统体检工作模式

根据城市发展建设实际需要，可在住房保障、内涝防治、历史文化名城保护、社区生活圈建设、燃气安全、园林绿化、道路交通与公共交通、城市风貌特色和城市综合管理服务等方面开展专项研究，细化丰富评估内容，深入分析"城市病"的产生原因，为后续精准治理提供依据。并与全国海绵城市建设评估、国家历史文化名城保护工作调研评估、城市综合管理服务评价、完整居住社区建设等国家部委开展的评估工作相衔接。城市专项系统体检可以让所在地方政府及主管部门联合组织开展，主要通过自体检模式，分析反馈问题，并纳入年度城市体检的相关诊断结论中。

住房和城乡建设部 2023 年的城市体检要求将住房体检纳入城市体检工作内容，聚焦居民关注的建筑安全底线、宜居舒适、绿色智慧等问题。聚焦部门核心职责，将城市体检工作向专项体检进行了延伸。

### 4.6.2　城市专项系统体检主要类型

#### 1. 住房保障专项

住房保障专项体检主要围绕住房安全耐久、功能完备、绿色智能以及住房公积金贷款办理，住房租赁补贴发放，老旧小区改造，保障性住房供应，城市总体住房供给数量和质量等方面展开体检。采用现场调查、资料调取、台账查阅、大数据分析与满意度调研结合的方式，综合判断城市住房保障的突出问题，为提高城市住房舒适性和安全性提出针对性建议和相应决策。

#### 2. 完整居住社区及公共服务设施专项

完整居住社区及公共服务设施专项体检主要围绕基本公共服务设施、便民商业服务设施、市政配套基础设施配置，公共活动空间建设，物业管理和社区管理机制建设等方面开展体检。从设施数量、规模、服务范围三个层面评价，根据体检指标的评估结果总结现有问题，对标相关政策及标准，提出相应的改进措施与治理对策以提升社区的宜居性和完整社区的建设水平，为未来推进完整社区建设提供支撑。

#### 3. 历史文化保护专项

历史文化保护专项体检主要围绕历史城区、历史文化街区、历史文化名村、历史文化建筑等物质文化遗产的保护和修缮，非物质文化遗产的传承和发扬，历史文化保护管理工作等方面开展体检。通过体检切实梳理城市历史文化保护方面的突出问题，提出完善历史文化保护和管理的对策，提高城市历史文化管护水平，充分发挥城市历史文化利用价值。

#### 4. 道路交通专项

道路交通专项体检主要围绕公共交通体系衔接、城市道路网络建设、静态交通设施建设、交通出行安全等方面展开体检。结合统计数据、大数据分析和问卷调查，切实排查、梳理交通领域内的问题，分析原因，提出解决问题的措施对策。在此基础上给出建设和管理指引，补齐短板，构建完善的城市交通体系，提升城市交通系统承载能力。

### 5. 园林绿化专项

园林绿化专项体检主要围绕城市生态本底保护情况、绿色基础设施建设成效、城市公园体系建设情况等方面开展体检。采用资料调取、台账查阅、大数据分析与满意度调研结合的方式，综合判断城市园林绿化的突出问题，为提高绿地覆盖率和服务水平提出针对性建议，为构建山水人城融合的人居环境提供建设支撑。

### 6. 供水与污水专项

供水系统专项体检主要围绕水源、水厂、管网、二次供水设施建设，水量、水质等指标监测，供水网络智慧调配等方面开展体检；污水系统专项体检主要围绕污水处理厂、收集管网运行维护管理、污水无害化处理处置、生活污水收集处理等方面开展体检。采用统计数据、监测数据、相关规划等基础资料，通过供水、污水的水力、水质模型分析、计算，判断城市供水系统、污水系统的短板，提出供水系统、污水系统补短板建议，为城市供水系统、污水系统建设和运营维护提供对策支撑。

### 7. 防洪排涝专项

防洪排涝专项体检主要围绕海绵城市建设、防洪防涝设施建设、洪涝灾害应急能力提升、智慧防洪排涝规划水平等方面开展体检。综合运用统计、监测等数据和水文水力模型，分析判断城市防洪、防涝系统的短板，提出解决问题的思路，在此基础上给出城市防洪排涝设施建设、运行、维护情况，形成城市防洪防涝系统治理对策。

### 8. 环境卫生专项

环境卫生专项体检主要围绕生活垃圾收集、运输和处理情况，城市环卫保洁情况，建筑垃圾转运情况，公厕设施布置等方面开展体检。通过建立指标体系、数据采集分析和社会满足度调查等方法，查准问题，提出对策和建议，为城市环境卫生建设补短板行动方案提供支持。

### 9. 燃气安全专项

燃气安全专项体检主要围绕燃气储气设施和供气管网建设，天然气管网覆盖面积，老旧天然气管网改造和提档升级，城镇燃气安全监管机制建设等方面开展体检。采用统计数据、监测数据、相关规划等基础资料，通过分析、计算、统计、比较，判断城市燃气系统的短板，提出解决问题的建议和意见，在此基础上给出城市燃气设施建设、运行、维护情况，形成城市燃气系统治理对策。

**10. 城市特色专项体检**

除了上述专项体检类型，还可以围绕参检城市的发展阶段和发展特点，针对突出问题，有针对性地开展特色专项体检或增加特色体检指标。

# 4.7 城市体检信息化平台与城市更新决策支撑

## 4.7.1 构建城市体检评估管理信息平台

住房和城乡建设部建筑节能与科技司出台《城市体检评估技术指南（试行）》，提出要依托城市信息模型基础平台，运用新一代信息技术，加快建设省级和市级城市体检评估管理信息平台，实现与国家级城市体检评估管理信息平台顺畅对接。平台除具备城市体检评估数据采集、监测预警、分析诊断等基础功能外，鼓励开展专项应用场景的建设。可围绕专项工作，对体检评估、规划设计、建设计划到项目实施的全生命周期进行跟踪与绩效评估，形成人居环境数字化、精细化治理的管理闭环。其中提到的专项工作就包括城市更新、城市绿道建设、历史文化名城保护、TOD（transit-oriented development，以公共交通为导向的发展模式）、完整居住社区、海绵城市建设、安全城市建设、保障性住房等。

## 4.7.2 对接城市体检与城市治理信息平台

城市体检数据来源广泛，包括统计数据、各部门各行业数据、互联网大数据、遥感数据、专项调查数据等。未来应加强城市管理数字化平台建设和功能整合，建立综合性城市管理数据库，以及开发民生服务智慧应用，这些都是促进城市发展的重要手段。基于科技创新的基础，建立数字化、网络化、智能化的信息管理平台，可以支持建立完整的城市体检评估机制、推进城市体检工作，有效解决"城市病"等问题。为此，需要加强各类平台之间的协同，汇集、分析和监测城市体检评估数据，建立"发现问题—整改问题—巩固提升"联动工作机制，同时鼓励开发与城市更新相衔接的业务场景应用。

### 4.7.3 为城市更新项目体检评估提供依据与服务

城市更新中的体检评估所需的数据庞大且复杂，因此需要使用智慧化平台来支持数据的收集、处理和动态更新。只有通过将空间地理信息技术和数字信息智能应用相结合，才能建立直观易用的体检数据平台，有效指导城市规划建设。此外，通过智慧化平台将现状数据与项目库的信息联动，实时汇集整理城市建设过程中所涉及的各类数据，评估各个专项领域中的核心要素和指标，可以为城市管理者提供多维度、相互关联和可视化的管理信息。

# 5

## 体检指标体系与体检数据构架

## 5.1 面向城市更新的体检基础数据采集

体检工作作为城市更新行动的先行工作，需要将城市多个方面的现状情况进行翔实的调查并汇总整理，形成体检基础数据库，为进一步分析出城市发展中所面临的各种问题做好数据准备工作。如今，体检评估的机制创新对体检基础数据的时空属性、数据精度、采集更新频率提出了更多的需求，也对指标的人本化、计算的准确性、上报的及时性和监测的持续性有了更高的要求。

### 5.1.1 数据采集概述

体检基础数据是指支撑体检工作所需要的基础地理信息、土地与规划、房屋建筑、人口情况、公共服务设施、公共空间、经济产业、历史文化遗产、道路交通、市政设施等相关方面的现状数据及资料。体检基础数据采集是以政府平台公司和第三方机构为调查主体，涵盖对体检基础数据的调查、管理和维护工作，是体检工作的重要基础性工作之一。

通过采集体检基础数据，可以有效加强对城市现状资源情况的掌握，为开展城市体检、城市更新专项规划、城市更新实施方案等工作提供数据支撑，将持续高质量推动城市更新行动。同时需要注意的是，在实际的体检基础数据采集工作中经常遇到数据形式混乱、数据版本不一致、数据时效性差、采集方式杂乱等情况，若未能及时对数据进行核对、校准、清洗，可能导致指标计算结果偏差，极大影响评估工作的推进和评估结果的真实性、准确性。因此，在开展具体体检工作前，需要制定适宜实际情况的体检基础数据调查制度，从调查方法、调查内容、成果形式等方面对体检基础数据采集工作进行指导。

### 5.1.2 数据采集原则

有效掌握大量的基础数据对开展体检工作具有显著作用，但由于数据尤其是互联网大数据自身所具备的天然张力，往往容易忽视对数据及数据源的保护。根据国家对于数据调查的相关法律法规、政策要求等内容，必须坚持合法、合理运用多种数据，因此当前对体检基础数据的采集、处理和应用应严格遵守以下原则。

首先，体检基础数据采集要坚持依法依规、真实客观。数据采集工作要贯彻落实国家政策要求、省市级相关规定，遵循相关法规标准，做到科学合理、严谨规范地进行数据调查，认真仔细进行现场调查核对，做到数据清、情况明，确保调查工作内容真实、数据准确、资料可靠。

其次，体检基础数据采集要坚持系统全面、数据多样。以分级、分类的调查要素为指导，系统性、多维度地关注整体性数据与侧重点情况，以便全面地提供基础数据支撑，系统性治理"城市病"。充分运用政务数据和开源数据的共享机制，坚持数据资源共享，科学规范利用大数据，切实保障数据安全。

最后，体检基础数据采集要坚持应用导向。开展体检基础数据调查时应具有针对性，确保数据成果应该能够充分用于实践，为城市体检、城市更新工作提供数据支撑。同时基础数据调查成果也可与其他数据互联互通，通过城市信息模型基础平台进行转化，应用于城市规划、建设、管理等其他领域。

### 5.1.3 数据采集内容

体检基础数据采集工作主要内容是对调查范围及周边区域的基础地理信息、土地与规划、房屋建筑、人口情况、公共服务设施、公共空间、经济产业、历史文化遗产、道路交通、市政设施等进行详尽的调查，数据来源包括政府部门统计数据、各部门各行业数据、互联网大数据、遥感数据、专项调查数据等（表5-1）。

表 5-1　体检基础数据采集内容汇总表

| 采集分类 | 采集分项 | 采集要素 |
|---|---|---|
| 基础地理信息 | 地形图 | 线划地形图 |
| | 影像图 | 高分辨率遥感影像图 |
| 土地与规划 | 行政范围边界 | 县（市、区）行政界线 |
| | | 乡镇（街道）行政界线 |
| | | 社区行政界线 |
| | 现状用地情况 | 用地性质 |
| | | 用地面积 |
| | 相关规划信息 | 国土空间总体规划 |
| | | 国土空间详细规划 |
| | | 国民经济和社会发展规划 |
| | | 城市更新专项规划 |
| | | 相关概念规划方案 |
| | | 产业发展规划 |
| | 土地权属情况 | 土地产权边界及面积 |
| | | 土地所有权权属 |
| | | 土地使用权权属 |
| | 土地使用情况 | 已划拨已建设用地 |
| | | 已划拨未建设用地 |
| | | 已出让已建设用地 |
| | | 已出让未建设用地 |
| | | 闲置用地 |
| 房屋建筑 | 建筑面积 | 地块建筑总面积 |
| | 建筑质量 | 建筑质量分布情况 |
| | 建筑功能 | 现状功能用途 |
| | | 现状闲置情况 |
| | 建成时间 | 建成年代 |
| 人口情况 | 基本人口信息 | 常住人口 |
| | | 户籍人口 |
| | | 户数 |
| | | 年龄结构 |
| | | 性别比例 |
| | 保障人群情况 | 低保人口 |
| | | 保障房户数 |
| | | 保障房人口 |

| 采集分类 | 采集分项 | 采集要素 |
|---|---|---|
| 公共服务设施 | 乡镇（街道）级公共服务设施信息 | 公共服务中心 |
| | | 街道办事处 |
| | | 派出所 |
| | | 卫生服务中心 |
| | | 老年服务中心 |
| | | 街道文化中心 |
| | | 全民健身活动中心 |
| | | 室外健身广场 |
| | | 中学 |
| | 社区级公共服务设施信息 | 社区便民服务中心 |
| | | 警务室 |
| | | 社区卫生服务站 |
| | | 社区老年人日间照料中心 |
| | | 社区文化活动室 |
| | | 多功能活动场地 |
| | | 小学 |
| | | 幼儿园 |
| | | 托儿所 |
| 公共空间 | 自然山水 | 自然山体名称、范围及山体顶点高度 |
| | | 自然水系名称、范围及常年水位线 |
| | 绿地广场 | 公园绿地分布情况 |
| | | 防护绿地分布情况 |
| | | 广场用地分布情况 |
| 经济产业 | "四上企业"经济产业信息 | 企业分布情况 |
| | | 企业所属产业类别 |
| | | 从业人口 |
| | | 近三年营业收入 |
| 历史文化遗产 | 物质文化遗产 | 历史地段、不可移动文物、历史建筑和传统风貌建筑、历史环境要素、风景名胜等物质文化遗产分布情况 |
| | 非物质文化遗产 | 传统技艺、传统美术、传统手工技艺、传统体育等非物质文化遗产情况 |

| 采集分类 | 采集分项 | 采集要素 |
|---|---|---|
| 道路交通 | 市政道路 | 路网分布 |
| | | 道路等级 |
| | | 道路断面 |
| | 慢行系统 | 人行道空间分布情况 |
| | | 特色步道空间分布情况 |
| | 公共交通系统 | 轨道交通站（场）、公交站（场）、铁路站（场）、客运站（场）分布情况 |
| | 停车系统 | 社会停车场（库）分布情况 |
| | 交通拥堵相关信息 | 高峰期平均机动车速度（千米每小时） |
| 市政设施 | 防灾 | 洪水淹没范围 |
| | | 内涝点 |
| | | 地质灾害隐患点 |
| | | 避难场所分布情况 |
| | 消防 | 城市消防站分布情况 |
| | 给排水 | 供水设施分布情况 |
| | | 排水设施分布情况 |
| | 电力 | 供电设施分布情况 |
| | | 主要高压线网 |
| | 燃气 | 燃气供应设施分布情况 |
| | 环卫 | 垃圾转运站分布情况 |
| | | 垃圾收集站分布情况 |
| | 通讯 | 通信设施分布情况 |
| | 海绵城市 | 海绵城市建设相关情况 |

基础地理信息数据以自然资源部门、住房和城乡建设部门提供的资料为基础，主要收集体检调查范围内的地形图、遥感影像图等基础地理信息。收集数据包括但不限于：调查范围及周边区域精度不低于1：2000的线划地形图；调查范围及周边区域距调查年度不超过三年的高分辨率遥感影像图。

土地与规划数据以自然资源部门提供的资料为基础，主要收集体检调查范围内的行政区划范围、现状土地使用情况、相关规划情况等，并结合实际情况调查核实，整理汇总。收集数据包括但不限于：调查范围所涉及的县（市、区）、乡镇（街道）、社区的行政范围边界；调查范围及周边区域的最新国土调查数据，包含用地性质、用地面积等相关信息；调查范围及其周边区域的总体规划、详细规划、专项规划、国民经济和社会发展规划等。对于已经开展城市更新工作的地区，可进一步收集调查范围内已经编制的城市更新专项规划、相关概念规划方案、产业发展规划等。

房屋建筑数据以住房和城乡建设部门提供的资料为基础，依据当地住房和城乡建设部门已开展的建筑普查工作和体检工作的实际需求，主要收集调查范围内房屋建筑的建筑面积、建筑质量、建筑功能、建成时间等信息，并结合实际情况调查核实，整理汇总。收集数据包括但不限于：调查范围内每个地块（用地相邻且为同一权属的地块可合并统计）的建筑总面积；调查范围内建筑质量情况及分布；调查范围内建筑的现状功能用途及闲置情况（主要指建筑面积超过 1000 平方米的建筑）；十年为单位统计的调查范围内房屋建成年代（如 20 世纪 80 年代、20 世纪 90 年代等）。

人口数据以统计部门、公安部门、人力资源与社会保障部门提供的资料为基础，依据已开展的人口普查工作，主要收集调查范围内基本人口信息、保障人群信息，并对多口径数据进行对比核实，整理汇总。收集数据包括但不限于：调查范围内的常住人口、户籍人口、户数、年龄结构、性别比例等数据；调查范围内的低保人口、保障房户数、保障房人口等数据。

公共服务设施数据以住房和城乡建设部门、自然资源部门、城市管理部门、民政部门提供的资料为基础，结合实际情况调查核实，整理汇总。收集数据包括但不限于：调查范围内的乡镇（街道）级公共服务设施的位置、规模、等级、服务覆盖情况等信息，设施种类包括公共服务中心、街道办事处、派出所、卫生服务中心、老年服务中心（含配套室外活动场地）、街道文化中心、全民健身活动中心、室外健身广场、中学等；调查范围内社区级公共服务设施的位置、规模、等级、服务覆盖情况等信息，设施种类包括社区便民服务中心、警务室、社区卫生服务站、社区老年人日间照料中心（含配套室外活动场地）、社区文化活动室、多功能活动场地、小学、幼儿园、托儿所等。

公共空间数据以自然资源部门、住房和城乡建设部门、城市管理部门提供的资料为基础，主要收集调查范围及周边相邻区域的自然山体和水系、城市绿地的分布及基本情况，并结合实际情况调查核实，整理汇总。收集数据包括但不限于：调查范围及周边相邻区域的自然山体和水系的名称、范围、山体顶点高度或者常年水位线等信息；调查范围内现状城市公园绿地、防护绿地与广场用地的分布位置、范围面积等信息。

经济产业数据以经济信息部门提供的资料为基础，主要收集调查范围内的"四上企业"的信息，并结合实际情况补充调查，整理汇总。收集数据包括但不限于：规模以上工业企业、资质等级建筑业企业、限额以上批零住餐企业、规模以上服务业企业的名称、地址、产业分类、从业人口、近三年营业收入等内容。

历史文化遗产数据以文化旅游部门、自然资源部门及住房和城乡建设部门提供的数据为基础，主要收集调查范围内已登录的物质文化遗产及非物质文化遗产相关信息，并结合实地调查、核实整理。收集数据包括但不限于：调查范围内的物质文化遗产数量、等级、分布情况等，遗产种类包括但不限于历史地段、不可移动文物、历史建筑和传统风貌建筑、历史环境要素、风景名胜等类型；调查范围内的非物质文化遗产的基本情况，遗产种类包括但不限于传统技艺、传统美术、传统手工技艺、传统体育、传统游艺与杂技、传统舞蹈等类型。

道路交通数据以交通部门、住房和城乡建设部门、城市管理部门、自然资源部门提供的数据为基础，主要收集调查范围及周边相邻区域的道路交通设施及线路的数据和信息，并结合实际情况调查核实，整理汇总。收集数据包括但不限于：调查范围内路网空间分布和道路等级、断面等信息；调查范围内人行道和特色步道（街巷步道、滨江步道、山林步道、滨水步道）等慢行步道分布位置的数据和信息；调查范围内轨道交通站（场）、公交站（场）、铁路站（场）、客运站（场）等设施的位置和规模等信息；调查范围内社会公共停车场（库）分布位置、数量、规模等数据和信息。有条件的地区可以通过获取交通部门统计数据或交通大数据等方式，计算调查范围内高峰期平均机动车速度等数据。

市政设施数据以住房和城乡建设部门、自然资源部门、城市管理部门、水利部门、消防部门、人防部门、经济信息部门等提供的数据为基础，结合已开展的城市市政基础设施普查情况，主要收集调查范围内市政基础设施及线路的基本数据和信息，结合实际情况调查核实，整理汇总。收集数据包括但不限于：调查范围内防洪、地灾、避难的相关信息，包括洪水淹没线线位及数据信息，内涝点位置信息，地质灾害隐患点的位置和基本情况，避难场所的位置、规模、使用情况；调查范围内消防站的位置和规模；调查范围内供水厂、污水厂、泵站等相关设施的位置、占地面积，明确供水规模、供水范围、污水处理规模、污水收集范围等；调查范围内变电站、开闭所等供电设施的位置、占地面积、容量、负荷，明确主要高压线网的布局、架设方式等数据和信息；调查范围内燃气供应设施的位置、占地面积、供气能力等信息；调查范围内垃圾转运站、垃圾收集站等独立占地的环卫设施的分布位置、等级及规模；调查范围内通信基站等相关设施的位置、服务范围等数据和信息。有条件的地区可以开展海绵城市建设的相关情况调查，主要包括调查范围内地块海绵指标、现状建成的海绵设施情况、现状排水分区情况等。

## 5.1.4 数据采集方法

体检基础数据的数据采集方式主要分为资料收集和实地调查两类。资料收集以政府行政部门的权威数据共享为主，对于无法通过资料收集获取或需要现场核查的数据，可以通过实地走访调查的方式获取（图 5-1）。同时考虑到某些数据可能存在的滞后性和不全面性，同时采用互联网、物联网数据作为补充。

资料收集主要是通过联系政府相关部门的工作人员，获得行政管理部门在履行其相应职责过程中所生产、采集、加工、使用和管理的数据。根据数据来源可以把政府数据分为五大类：政府各部门内部管理中所产生的数据、政府在社会管理和公共服务中实时产生的数据、由政府专门的职能机构采集的社会管理数据、政府通过业务外包或采购方式获得的数据、从公开渠道获取的数据。经过官方认证的城市信息，具有数量大、统计规范、权威程度高、社会经济价值大等特点，是能够较为真实地反映现状的重要基础资料。

实地调查主要是体检工作人员通过现场踏勘、座谈访问和现场测绘等方

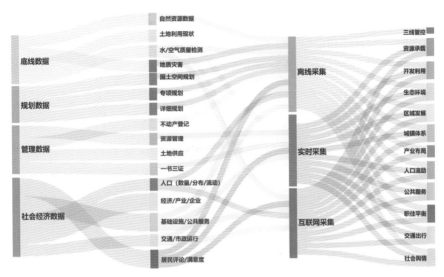

图 5-1 体检数据采集及转化示意图
（图片来源：自绘）

法咨询有关部门和发放调查问卷，获得关于城市社会、经济、产业、人口等相关的数据。实地调查具有的优势是数据源于体检工作人员现场调查所获取到的信息，能够从专业视角出发筛选出较为真实有用的数据。

无论是资料收集还是实地调查，作为传统的数据调查方式，都具有普遍公众参与度不高、无法获得全范围公众意愿的诉求的缺憾，缺少对体检工作公共参与机制的响应，难以真正体现"人民城市人民建"的体检理念。因此，在"万物互联"的大数据时代，体检基础数据的采集同样需要结合大数据的思维与方式，提高公众参与度，完善传统数据调查方式所不能获得的信息，增加基础资料的深度与广度。

大数据主要包括互联网数据和物联网数据两类。利用挖掘出来的城市大数据可以提升体检工作的定量化水平，丰富基础资料。互联网数据采集是通过互联网平台获取政府、企业和公众多方主体互动所产生的数据。相对于实地逐个向相关部门进行咨询，互联网数据采集可以节省大量的人力及物力。例如，可以通过微博签到和文本数据来判断城市用地的类型和活力，或者通过分析微博位置数据界定活动频次等。物联网数据采集则是指通过物联网和云计算技术获得交通传感数据和智慧设施数据。这类数据是大数据的主要来源，数量和质量正在迅速增长。交通传感数据在物联网数据中应用最广，例如，城市交通工具上的传感设施所提供的位置和关系数据、城市间交通联系数据和公交刷卡数据等。目前，物联网数据在交通调查领域已经有了广泛的应用。

同时需要注意的是，网络商业数据不是专门为体检工作而产生的数据，而是为了商业目的而收集的。这些社交数据的可靠性存在问题，因为发布数据的人可能会出于不同的目的而进行选择和编辑，导致数据的准确性和完整性不可靠。因此，在体检工作中使用这些数据时需要谨慎验证，并与其他可靠数据进行比对来进行验证。

## 5.1.5 数据采集成果形式

将采集到的数据经过一系列校核整理后，最终形成一份体检基础数据采集报告，一套体检基础数据采集成果图册，一套体检基础数据采集成果表格，一个体检基础数据地理信息库的成果（表5-2）。鼓励有条件、有需求的部门逐步将体检基础数据库对接到数据管理部门的综合性城市信息模型平台，以便持续性指导更新等后续工作开展。

表 5-2　体检基础数据成果一览表

| 分类 | 成果项 | 成果类型 |
|---|---|---|
| 汇总类 | 体检基础数据采集报告 | 图文结合的 Word 文件 |
| | 体检基础数据一览表 | Excel 文件 |
| | 区位图 | JPEG 文件 |
| 基础地理信息 | 地形图 | CAD 或 GIS 文件 |
| | 高分辨率遥感影像图 | TIFF 文件 |
| 土地与规划 | 行政区划图 | CAD 或 GIS 文件 |
| | 土地利用现状图 | CAD 或 GIS 文件、JPEG 文件 |
| | 土地权属分布图 | CAD 或 GIS 文件、JPEG 文件 |
| | 土地权属信息汇总表 | Excel 文件 |
| | 土地使用情况现状图 | CAD 或 GIS 文件、JPEG 文件 |

| 分类 | 成果项 | 成果类型 |
|------|--------|----------|
| 土地与规划 | 国土空间总体规划 | CAD 或 GIS 文件、PDF 文件 |
| | 国土空间详细规划 | CAD 或 GIS 文件、PDF 文件 |
| | 城市更新专项规划 | CAD 或 GIS 文件、PDF 文件 |
| | 相关概念规划方案 | CAD 或 GIS 文件、PDF 文件 |
| 房屋建筑 | 现状建筑分布图 | CAD 或 GIS 文件、JPEG 文件 |
| | 现状建筑地块汇总表 | Excel 文件 |
| 人口情况 | 人口分布汇总图 | CAD 或 GIS 文件、JPEG 文件 |
| | 人口数据汇总表 | Excel 文件 |
| 公共服务设施 | 公共服务设施分布图 | CAD 或 GIS 文件、JPEG 文件 |
| | 公共服务设施信息表 | Excel 文件 |
| 公共空间 | 公共空间分布图 | CAD 或 GIS 文件、JPEG 文件 |
| | 公共空间信息表 | Excel 文件 |
| 经济产业 | "四上企业"分布图 | CAD 或 GIS 文件、JPEG 文件 |
| | 经济产业数据信息表 | Excel 文件 |
| 历史文化遗产 | 历史文化遗产分布图(已登录) | CAD 或 GIS 文件、JPEG 文件 |
| | 历史文化遗产信息表(已登录) | Excel 文件 |
| 道路交通 | 道路交通综合现状图 | CAD 或 GIS 文件、JPEG 文件 |
| | 慢行系统综合现状图 | CAD 或 GIS 文件、JPEG 文件 |
| | 交通基础设施信息表 | Excel 文件 |
| 市政设施 | 市政基础设施现状图 | CAD 或 GIS 文件、JPEG 文件 |
| | 市政基础设施信息表 | Excel 文件 |
| | 综合防灾现状分布图 | CAD 或 GIS 文件、JPEG 文件 |
| | 海绵城市建设情况现状图 | CAD 或 GIS 文件、JPEG 文件 |

（1）体检基础数据采集报告。

基础数据采集报告是对整个数据采集和已收集数据基本情况的梳理，也是对下一步指标计算和分析的铺垫，主要分为调查总述、分项情况小结和调查情况总结三个部分。

调查总述主要介绍体检的基本情况、四至范围、研究背景、研究范围、采集过程和方法等情况。

分项情况小结包括对基础地理信息、土地与规划、房屋建筑、人口情况、公共服务设施、公共空间、经济产业、历史文化遗产、道路交通、市政设施等方面进行分项汇总，形成情况小结，主要描述汇总数据和基础调查项的主要情况及特征。

调查情况总结为基础数据采集的主要内容，包括但不限于调查范围、用地情况、建筑量情况、土地及规划情况、人口数据、公共服务设施等级及数量、公共空间分布、经济产业数据、历史文化遗产类型及数量、道路交通情况、市政设施情况。

（2）体检基础数据采集成果图册。

体检基础数据采集成果图册是通过整理归纳后，简便易读，查找方便的图纸检索及汇总成果，原则上作图范围应与体检的范围一致。图册成果应包含但不限于表5-3的内容。

表5-3 体检基础数据采集成果图册一览表

| 图纸名称 | 图纸内容说明 |
| --- | --- |
| 区位图 | — |
| 高分辨率遥感影像图 | — |
| 土地利用现状图 | 根据体检范围的现状情况整理完善国土调查现状图，包含用地现状汇总情况 |
| 国土空间总体规划图 | 整理体检范围内已编制的总体规划方案 |
| 国土空间详细规划图 | 整理拼合体检范围内已编制的详细规划方案 |
| 城市更新专项规划图 | 整理拼合已开展城市更新工作的地块规划方案 |
| 现状建筑分布图 | 以地块为基本单位，标注地块的总建筑面积、整体建筑质量和主导建筑功能等详细情况 |
| 现状人口分布图 | 以社区为基本单位，标注各社区（村委会）人口详细情况 |
| 公共服务设施分布图 | 结合实际调查情况，整理绘制现状的街道级、社区级公共服务设施，其中非独立占地设施宜以图标标注，独立占地设施可标注服务半径，乡镇（街道）级公共服务设施参考20分钟步行距离为服务半径，社区级公共服务设施参考10分钟步行距离为服务半径 |
| 公共空间分布图 | 结合实际调查情况，整理绘制体检范围内自然山体、自然水系、公园绿地、防护绿地与广场用地的分布示意，并标注山顶标高、常年水位标高以及相关要素的序号、名称 |
| "四上企业"分布图 | 结合实际调查情况，整理并以图标标注体检范围内的规模以上工业企业、资质等级建筑业企业、限额以上批零住餐企业、规模以上服务业企业的分布示意，并标注企业序号、名称 |
| 历史文化遗产分布图 | 结合实际调查情况，整理并以图标标注体检范围内历史文化遗产资源要素情况的分布示意，并标注序号、名称 |
| 道路交通综合现状图 | 结合实际调查情况，整理绘制包含城市道路、公共交通系统、停车场等信息的综合交通现状图，并标注设施等级和规模，并附上现状市政道路断面情况 |

| 图纸名称 | 图纸内容说明 |
|---|---|
| 慢行系统综合现状图 | 结合实际调查情况，整理绘制人行道和特色步道分布位置的综合现状图 |
| 市政基础设施现状图 | 结合实际调查情况，整理绘制分级分类的市政基础设施现状图，并注明设施的等级、类型、名称，若一张图表达不清晰可拆分为多个分图 |
| 综合防灾现状分布图 | 结合实际调查情况，整理绘制洪水位线、内涝点、地质灾害隐患点、避难场所、消防设施的现状分布图，若一张图表达不清晰可拆分为多个分图 |
| 其他相关图纸 | 结合体检范围内更新实施项目的具体需求，按需增加土地、建筑、人口或其他相关调查，此类图纸可根据实际情况进行绘制，不做详细要求 |

（3）体检基础数据采集成果表格。

基础数据采集成果表格可充分根据现状调查的实际情况进行增项。成果形式以 Excel 文件进行提交。表格文件成果应包含但不限于表 5-4 的内容。

表 5-4　体检基础数据采集成果表格一览表

| 表格名称 | 表格内容说明 |
|---|---|
| 体检基础数据汇总信息一览表 | — |
| 建筑信息汇总表 | 保持与《现状建筑分布图》中信息一致 |
| 人口数据汇总表 | 保持与《现状人口分布图》中信息一致 |
| 公共服务设施信息表 | 保持与《公共服务设施分布图》中信息一致 |
| 公共空间信息表 | 保持与《公共空间分布图》中信息一致 |
| 经济产业数据信息表 | 保持与《"四上企业"分布图》中信息一致 |
| 历史文化遗产信息表 | 保持与《历史文化遗产分布图》中信息一致 |
| 交通基础设施信息表 | 保持与《道路交通综合现状图》中信息一致 |
| 市政基础设施信息表 | 保持与《市政基础设施现状图》中信息一致 |
| 综合防灾设施信息表 | 保持与《综合防灾现状分布图》中信息一致 |

（4）体检基础数据地理信息库。

基础数据地理信息库可根据实际情况进行调整，形成包含多个数据层的地理信息库形式进行提交，少量特殊数据也可以采用 CAD 文件提交，但需要进行空间坐标系转换和配准。地理信息库成果应包含但不限于表 5-5 的内容。

表 5-5　体检基础数据地理信息库一览表

| 图层名称 | 图层格式 | 要素类型 |
|---|---|---|
| 地形数据层 | TIFF 格式 | 栅格要素 |
| 行政区划数据层 | SHP 格式 | 面要素或线要素 |
| 土地利用现状数据层 | SHP 格式 | 面要素 |
| 国土空间总体规划数据层 | SHP 格式或 TIFF 格式 | 面要素或栅格要素 |
| 国土空间详细规划数据层 | SHP 格式或 TIFF 格式 | 面要素或栅格要素 |
| 城市更新专项规划数据层 | SHP 格式或 TIFF 格式 | 面要素或栅格要素 |
| 现状建筑分布数据层 | SHP 格式 | 面要素 |
| 人口分布汇总数据层 | SHP 格式 | 面要素 |
| 公共服务设施分布数据层 | SHP 格式 | 点要素 |
| 公共空间分布数据层 | SHP 格式 | 面要素、点要素或线要素 |
| "四上企业"分布数据层 | SHP 格式 | 点要素 |
| 历史文化遗产分布数据层 | SHP 格式 | 点要素 |
| 道路交通综合现状数据层 | SHP 格式 | 面要素、点要素或线要素 |
| 慢行系统综合现状数据层 | SHP 格式 | 线要素 |
| 市政基础设施现状数据层 | SHP 格式 | 点要素 |

# 5.2　面向城市更新的体检指标体系梳理

## 5.2.1　体检的指标维度

构建体检指标体系是进行体检评估流程中至关重要的一步，它反映了区域、城市、更新单元等不同尺度地域的发展方向和核心问题的关注点。该指标体系以区域和城市高质量发展为指引,全面检测、评估、分析和诊断区域、城市发展和运行过程中的成绩和问题,并有效体现了人居环境建设的重点内容和居民关注的热点问题。这一指标体系的构建,有助于指导规划和建设,推进区域、城市的可持续发展和提高人民生活质量。

体检评估指标体系的构建是政府部门推动城市规划建设、提升城市人居环境质量、加强城市管理能力的关键手段。在指标构建的过程中,需要充分借鉴相关政策和研究成果,以确保体检指标的全面性和可靠性。例如,中央城市工作会议提出的城市保持特色风貌、提高宜居性和创新能力,联合国2030年可持续发展指标中提出的路网密度、可达性、PM2.5浓度等指标,以及联合国人居环境署所提出的社会包容、低碳永续发展、公平可负担等概念。此外,国家发展和改革委员会和中国科学院共同提出的"美丽中国建设评估指标体系"也提出了多项重要的指标,如空气清新、水体洁净、生态良好、人居整洁等,这些指标将有助于评估城市的整体质量和可持续发展水平。

体检评估指标的构建需要充分参考政策和指标,应当综合考虑区域和城市的宜居性、健康性、安全性、便捷性、特色性、有序性、包容性和创新性等方面,反映城市高质量发展的核心指标。在总结2020—2022年原有城市体检工作的基础上,住房和城乡建设部2023年城市体检工作要求进一步延伸,围绕住房、小区(社区)、街区、城区(城市)四个维度开展城市体检工作(图5-2)。住房、小区(社区)、街区维度的体检可以选取一定数量的典型社区、街区统筹开展,重点查找群众急难愁盼的问题。城区(城市)维度的体检,要综合评价城市生命体征状况和建设发展质量,重点查找影响城市影响力、承载力和可持续发展的短板弱项。

## 5.2.2 体检的指标构成

体检的具体指标是对构成维度的进一步分解,通过指标的分类和集合分析可以判断区域、城市、城市专项系统、城市更新单元等在不同维度存在的问题。体检作为实施更新行动的基础工作和先行工作,具体指标也应该对城

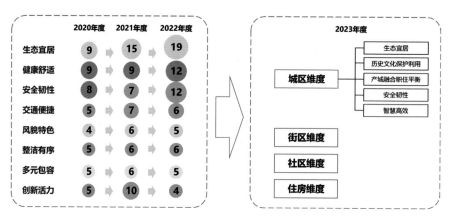

图 5-2 城市体检指标体系演变过程
（图片来源：自绘）

市更新有所体现。因此在选取具体指标时，一方面应该重点考虑如何体现城市体检的内涵特征，另一方面也要围绕城市更新行动实施，分析评价区域、城市、城市专项系统、城市更新单元等方面的问题短板，为编制城市更新五年规划和年度实施计划、确定更新项目提供现状分析和工作建议，使体检对象得到布局优化、功能完善、品质提升、底线管控、效能提高、方式转变。

总体来看，城市体检的指标包括由住房和城乡建设部每年发布的基本指标和地方根据实际情况补充的特色指标。下发指标中，小区（社区）、街区、城区（城市）三个维度聚焦城市层面的体检，重点反映城市人居环境总体层面的短板与不足，而住房维度更多是对城市住房保障这一个专项系统的体检评估。考虑到体检体系的逻辑完整性和层次性，可以将住房维度的内容单独作为住房保障专项体检的指标进行评价。

区域体检、城市更新单元体检、城市专项系统体检等特色体检类型均是对城市体检的基础指标的延伸和细化，基本保持体检工作的核心理念和工作重点不变，同样也是对城市更新行动的呼应和对接。因此，基于城市体检基础指标体系形成开展向外延伸的区域体检指标体系、向内细化的城市专项系统体检指标体系以及面向城市更新行动的城市更新单元体检特色指标体系。

### 5.2.2.1 区域体检指标体系

区域体检特色指标。依托基础指标，在延伸城市体检指标维度的基础上，设置反应区域一体化建设情况的特色指标。有条件地区可以补充遥感影像、POI（兴趣点）、OSM（OpenStreetMap，开放街道地图）交通信息等新兴数据作为补充分析。

生态宜居方面，主要采用森林覆盖率（%）、绿道普及率（%）、重要岸线绿廊连续度（%）共计3项指标分析区域生态功能的连续性和完整性。有条件的地区可以补充遥感解译的城市建成区连绵度作为大数据辅助指标。

服务完善方面，主要采用城市更新行动开展覆盖率（%）1项指标分析区域内城市人居环境更新改造的普及程度。有条件的地区可以补充基于POI数据的万人执业（助理）医师数量（人）、万人普通中小学数量（个）、千名老年人养老床位数（张）作为大数据辅助指标。

安全韧性方面，主要采用天然气管网普及率（%）、供水管网普及率（%）、防洪堤达标率（%）、城市信息模型基础平台联通率（%）共计4项指标分析区域供气、供水、防洪等基础设施的普及情况及智慧化建设情况。

交通便捷方面，主要采用区域城际轨道交通覆盖率（%）、区域市（县）际断头路及瓶颈路畅通项目完成率（%）、区域城际铁路班次（次）、区域城际公交班次（次）共计4项指标分析区域内基础交通建设的完善程度、交通联系需求度和交通运输量的实际效能。有条件的地区可以补充基于OSM交通数据的区域路网堵点、断点数量（个）作为大数据辅助指标。

历史文化保护利用方面，主要采用蓝绿空间占比（%）1项指标分析区域内山水景观风貌的保护情况。有条件的地区可以补充万人文化和自然遗产数量（个）、国内游客接待人次（万人）作为大数据辅助指标。

整洁有序方面，主要采用城乡环境整治行动开展比例（%）、"擦亮小城镇"建设行动开展比例（%）共计2项指标分析区域内的重要环境整治行动的普及情况。

多元包容方面，主要采用区域异地公积金贷款办理数量（次）1项指标分析区域内社会福利的共享情况。

创新活力方面，主要采用承接产业转移项目数量（个）、组织或参与区域活动次数（次）共计2项指标分析区域内产业流动与参与社会活动的情况。有条件的地区可以补充R&D（研究与试验发展）经费支出（亿元）、万人发明专利拥有量（个）作为大数据辅助指标（表5-6）。

表 5-6 区域体检指标体系一览表

| 维度 | 序号 | 特色指标 |
|---|---|---|
| 生态宜居 | 1 | 森林覆盖率（%） |
| | 2 | 绿道普及率（%） |
| | 3 | 重要岸线绿廊连续度（%） |
| | 4 | 城市建成区连绵度 |
| 服务完善 | 5 | 城市更新行动开展覆盖率（%） |
| | 6 | 万人执业（助理）医师数量（人） |
| | 7 | 万人普通中学、小学数量（个） |
| | 8 | 千名老年人养老床位数（张） |
| 安全韧性 | 9 | 天然气管网普及率（%） |
| | 10 | 供水管网普及率（%） |
| | 11 | 防洪堤达标率（%） |
| | 12 | 城市信息模型基础平台联通率（%） |
| 交通便捷 | 13 | 区域城际轨道交通覆盖率（%） |
| | 14 | 区域市（县）际断头路、瓶颈路畅通项目完成率（%） |
| | 15 | 区域城际铁路班次（次） |
| | 16 | 区域城际公交班次（次） |
| | 17 | 区域路网堵点、断点识别数量（个） |
| 历史文化保护利用 | 18 | 蓝绿空间占比（%） |
| | 19 | 万人文化和自然遗产数量（个） |
| | 20 | 国内游客接待人次（万人） |
| 整洁有序 | 21 | 城乡环境整治行动开展比例（%） |
| | 22 | "擦亮小城镇"建设行动开展比例（%） |
| 多元包容 | 23 | 区域异地公积金贷款办理数量（次） |
| 创新活力 | 24 | 承接产业转移项目数量（个） |
| | 25 | 组织或参与区域活动次数（次） |
| | 26 | R&D经费支出（亿元） |
| | 27 | 万人发明专利拥有量（个） |

### 5.2.2.2 城市体检指标体系

城市体检指标是体检指标体系的核心和基础，也是最能贯彻和落实体检工作核心路径和目标的指标。城市体检的指标包括由住房和城乡建设部每年发布的基本指标和地方根据实际情况补充的特色指标。基本指标是经过多轮研究和论证后形成的具有普适性的指标类型，适宜大多数城市开展体检工作。

小区（社区）维度的体检指标旨在切实解决老百姓关切的养老、托育、停车、充电、活动场地等方面的问题，有效补齐设施、服务和环境的短板，因此可以分为设施完善、环境宜居和管理健全三个方面。

设施完善方面，采用未达标配建的养老服务设施数量（个）、未达标配建的婴幼儿照护服务设施数量（个）、未达标配建的幼儿园数量（个）、小学学位缺口数（个）、停车泊位缺口数（个）、新能源汽车充电桩缺口数（个）共计6个指标来衡量小区（社区）的公共服务设施配套情况。环境宜居方面，采用未达标配建的公共活动场地数量（个）、不达标的步行道长度（千米）、未实施生活垃圾分类的小区数量（个）共计3个指标来衡量小区（社区）的公共空间建设及整治情况。管理健全方面，采用未实施好物业管理的小区数量（个）、需要进行智慧化改造的小区数量（个）共计2个指标来衡量小区（社区）的物业管理情况。

街区维度的体检指标旨在响应人民群众对于生产、生活等功能空间的品质诉求，查找功能设施、环境品质方面的短板，因此可以分为功能完善、整洁有序、特色活力三个方面。

功能完善方面，采用中学服务半径覆盖率（%）、未达标配建的多功能运动场地数量（个）、未达标配建的文化活动中心数量（个）、公园绿化活动场地服务半径覆盖率（%）共计4个指标来衡量街区的公共服务功能完善程度。整洁有序方面，采用存在乱拉空中线路问题的道路数量（条），存在乱停乱放车辆问题的道路数量（条），窨井盖缺失、移位、损坏的数量（个）共计3个指标来衡量街区的街巷空间整治情况。特色活力方面，采用需要更新改造的老旧商业街区数量（个）、需要进行更新改造的老旧厂区数量（个）、需要进行更新改造的老旧街区数量（个）共计3个指标来衡量街区进行更新改造的潜力情况。

城区（城市）维度的体检指标旨在响应人民群众对于美好生活的向往，

盘活存量空间资源，精准匹配各项服务于空间资源，解决底线风险安全问题，因此可以分为生态宜居、历史文化保护利用、产城融合和职住平衡、安全韧性、智慧高效五个方面。

生态宜居方面，采用城市生活污水集中收集率（%），城市水体返黑、返臭事件数（起），绿道服务半径覆盖率（%），人均体育场地面积（平方米每人），人均公共文化设施面积（平方米每人），未达标配建的妇幼保健机构数量（个），城市道路网密度（千米每平方千米），新建建筑中绿色建筑占比（%）共计8个指标来衡量城区（城市）居民生活环境治理与民生类基础设施建设情况。历史文化保护利用方面，采用历史文化街区、历史建筑挂牌建档率（%），历史建筑空置率（%），历史文化资源遭受破坏的负面事件数（起），擅自拆除历史文化街区内建筑物、构筑物的数量（栋），当年各类保护对象增加数量（个）共计5个指标来衡量城区（城市）对历史文化的保护与利用情况。产城融合、职住平衡方面，采用新市民、青年人保障性租赁住房覆盖率（%），城市高峰期机动车平均速度（千米每小时），轨道站点周边覆盖通勤比例（%）共计3个指标来衡量城区（城市）中居民日常通勤的便捷性。安全韧性方面，采用房屋市政工程生产安全事故数（起），消除严重易涝积水点数量(个)，城市排水防涝应急抢险能力(立方米每小时)，应急供水保障率（%），老旧燃气管网改造完成率（%），城市地下管廊的道路占比（%），城市消防站服务半径覆盖率（%），安全距离不达标的加油、加气、加氢站数量（个），人均避难场所有效避难面积（平方米每人）共计9个指标来衡量城区（城市）的应急安全底线建设情况。智慧高效方面，采用市政管网管线智能化监测管理率（%）、建筑施工危险性较大的分部分项工程安全监测覆盖率（%）、高层建筑智能化火灾监测预警覆盖率（%）、城市信息模型基础平台建设三维数据覆盖率（%）、城市运行管理服务平台覆盖率（%）共计5个指标来衡量城区（城市）的智慧化治理水平（表5-7）。

表 5-7 城市体检基础指标体系一览表

| 维度 | | 序号 | 指标项 |
|---|---|---|---|
| 小区（社区） | 设施完善 | 1 | 未达标配建的养老服务设施数量（个） |
| | | 2 | 未达标配建的婴幼儿照护服务设施数量（个） |
| | | 3 | 未达标配建的幼儿园数量（个） |
| | | 4 | 小学学位缺口数（个） |
| | | 5 | 停车泊位缺口数（个） |
| | | 6 | 新能源汽车充电桩缺口数（个） |
| | 环境宜居 | 7 | 未达标配建的公共活动场地数量（个） |
| | | 8 | 不达标的步行道长度（千米） |
| | | 9 | 未实施生活垃圾分类的小区数量（个） |
| | 管理健全 | 10 | 未实施好物业管理的小区数量（个） |
| | | 11 | 需要进行智慧化改造的小区数量（个） |
| 街区 | 功能完善 | 12 | 中学服务半径覆盖率（%） |
| | | 13 | 未达标配建的多功能运动场地数量（个） |
| | | 14 | 未达标配建的文化活动中心数量（个） |
| | | 15 | 公园绿化活动场地服务半径覆盖率（%） |
| | 整洁有序 | 16 | 存在乱拉空中线路问题的道路数量（条） |
| | | 17 | 存在乱停乱放车辆问题的道路数量（条） |
| | | 18 | 窨井盖缺失、移位、损坏的数量（个） |
| | 特色活力 | 19 | 需要更新改造的老旧商业街区数量（个） |
| | | 20 | 需要进行更新改造的老旧厂区数量（个） |
| | | 21 | 需要进行更新改造的老旧街区数量（个） |
| 城区（城市） | 生态宜居 | 22 | 城市生活污水集中收集率（%） |
| | | 23 | 城市水体返黑返臭事件数（起） |
| | | 24 | 绿道服务半径覆盖率（%） |
| | | 25 | 人均体育场地面积（平方米每人） |
| | | 26 | 人均公共文化设施面积（平方米每人） |
| | | 27 | 未达标配建的妇幼保健机构数量（个） |
| | | 28 | 城市道路网密度（千米每平方千米） |
| | | 29 | 新建建筑中绿色建筑占比（%） |

| 维度 | | 序号 | 指标项 |
|---|---|---|---|
| 城区（城市） | 历史文化保护利用 | 30 | 历史文化街区、历史建筑挂牌建档率（%） |
| | | 31 | 历史建筑空置率（%） |
| | | 32 | 历史文化资源遭受破坏的负面事件数（起） |
| | | 33 | 擅自拆除历史文化街区内建筑物、构筑物的数量（栋） |
| | | 34 | 当年各类保护对象增加数量（个） |
| | 产城融合、职住平衡 | 35 | 新市民、青年人保障性租赁住房覆盖率（%） |
| | | 36 | 城市高峰期机动车平均速度（千米每小时） |
| | | 37 | 轨道站点周边覆盖通勤比例（%） |
| | 安全韧性 | 38 | 房屋市政工程生产安全事故数（起） |
| | | 39 | 消除严重易涝积水点数量（个） |
| | | 40 | 城市排水防涝应急抢险能力（立方米每小时） |
| | | 41 | 应急供水保障率（%） |
| | | 42 | 老旧燃气管网改造完成率（%） |
| | | 43 | 城市地下管廊的道路占比（%） |
| | | 44 | 城市消防站服务半径覆盖率（%） |
| | | 45 | 安全距离不达标的加油加气加氢站数量（个） |
| | | 46 | 人均避难场所有效避难面积（平方米每人） |
| | 智慧高效 | 47 | 市政管网管线智能化监测管理率（%） |
| | | 48 | 建筑施工危险性较大的分部分项工程安全监测覆盖率（%） |
| | | 49 | 高层建筑智能化火灾监测预警覆盖率（%） |
| | | 50 | 城市信息模型基础平台建设三维数据覆盖率（%） |
| | | 51 | 城市运行管理服务平台覆盖率（%） |

以上所罗列的为城市体检的基础指标，由于不同地区城市的发展水平、发展阶段有所不同，无法做到一概而论。因此有条件的地区可以在以上指标的基础上补充符合该城市特色的指标。特色指标具有更强的针对性，所需的数据类型更加多样，数据获取难度更加大，对工作人员的技术要求更加高，适宜技术力量完备地区创新使用，以丰富城市体检成果内容。

### 5.2.2.3　城市更新单元体检指标体系

城市更新对于促进城市高质量发展、满足人民日益增长的美好生活需要及促进社会经济可持续健康发展具有重要的意义。鉴于城市体检工作对数据精度和广度的需求，针对城市整体的城市更新专项规划和针对具体项目的城市更新实施项目均不能很好适应与城市体检工作成果的传导与落实，而城市更新单元的空间尺度又较为适宜开展体检工作，也亟须有相应的体检评估成果引导工作开展。因此，城市更新单元体检也是城市体检与城市更新工作的重要交接点。

结合当前国家对于城市更新行动和城市体检评估的政策目标和实施要求，城市更新单元体检指标体系的构建需要注重综合性、系统性、适用性和实施性等。由于城市更新涉及多个领域，如存量用地腾换、生态绿地修复、历史文化传承、公共服务设施织补、人居环境改善、基础设施提升、城市风貌与公共空间塑造等等。城市更新工作面临的问题往往是以上多个单一问题相互交织形成的复杂问题。此外，除了新增设施和新建用地之外，城市更新工作还包括对现有设施的提升改善，如公共设施改建、老旧小区整治、背街小巷提升等。需要对城市现状的供地条件、建设成本、新增设施需求程度等进行精确判断，才能指导更新规划的实施。

因此，通过多源大数据及现场调研，分析问题方向、设置评价评估标准，重点从区域功能与产业发展、用地布局与建筑使用、人口规模与单元容量、历史文化与风貌保护、公共空间与环境品质、公共服务设施承载力、市政交通设施承载力、安全韧性与运行管理等方面对城市更新单元进行评估（表5-8）。

表 5-8　城市更新单元体检指标体系一览表

| 维度 | 序号 | 指标项 |
| --- | --- | --- |
| 区域功能与产业发展 | 1 | 产业用地占比（%） |
| | 2 | 产业用地劳动力投入强度（人每公顷） |
| | 3 | 产业用地单位面积产出（万元） |
| 用地布局与建筑使用 | 4 | 容积率 |
| | 5 | 建筑密度（%） |
| | 6 | 存在使用安全隐患的住宅数量（栋） |
| | 7 | 需要进行适老化改造的住宅数量（栋） |
| | 8 | 需要进行数字化改造的住宅数量（栋） |

| 维度 | 序号 | 指标项 |
|---|---|---|
| 人口规模与单元容量 | 9 | 人口数量（万人） |
| | 10 | 人口密度（人每公顷） |
| | 11 | 流动租住人口比例（%） |
| | 12 | 老龄化人口比例（%） |
| | 13 | 人均居住建筑面积（平方米） |
| 历史文化与风貌保护 | 14 | 现有及潜在历史文物保护单位数量（个） |
| | 15 | 现有及潜在历史建筑数量（个） |
| | 16 | 现有及潜在古树名木数量（棵） |
| | 17 | 片区内蓝绿空间占比（%） |
| 公共空间与环境品质 | 18 | 未达标配建的多功能运动场地数量（个） |
| | 19 | 未达标配建的文化活动中心数量（个） |
| | 20 | 公园绿化活动场地服务半径覆盖率（%） |
| | 21 | 林荫路覆盖率(%) |
| | 22 | 生活污水集中收集率（%） |
| | 23 | 声环境夜间达标率（%） |
| | 24 | 空气粉尘浓度（毫克每立方米） |
| 公共服务设施承载力 | 25 | 未达标配建的养老服务设施数量（个） |
| | 26 | 未达标配建的婴幼儿照护服务设施数量（个） |
| | 27 | 未达标配建的幼儿园数量（个） |
| | 28 | 小学学位缺口数（个） |
| | 29 | 中学服务半径覆盖率（%） |
| | 30 | 未达标配建的综合超市数量（个） |
| | 31 | 未达标配建的邮政快递末端综合服务站数量（个） |
| | 32 | 24 小时药店覆盖率（%） |
| 市政交通设施承载力 | 33 | 停车泊位缺口数（个） |
| | 34 | 新能源汽车充电桩缺口数（个） |
| | 35 | 轨道站点距离（米） |
| | 36 | 公交站点覆盖率（%） |
| | 37 | 5G 基站设施覆盖率（%） |
| | 38 | 垃圾回收站点覆盖率（%） |
| | 39 | 公共厕所覆盖率（%） |
| 安全韧性与运行管理 | 40 | 人均避难场所有效避难面积（平方米） |
| | 41 | 严重易涝积水点数量（个） |
| | 42 | 市政消防栓覆盖率（%） |
| | 43 | 窨井盖缺失、移位、损坏的数量（个） |
| | 44 | 存在乱拉空中线路问题的道路数量（条） |
| | 45 | 存在乱停乱放车辆问题的道路数量（条） |
| | 46 | 未实施物业管理的小区数量（个） |

### 5.2.2.4 城市专项系统体检指标体系

城市专项系统体检是在本城市城市体检的成果基础上，针对城市更新重点方向与重点实施项目，深入开展城市更新各专项系统的体检评估，查找专项问题并分析原因，引导城市更新的安全韧性和功能品质提升。城市专项系统体检的指标体系应该参照专项工作的具体要求和城市体检基础指标体系，按照突出重点、群众关切、数据可得的原则，根据自身侧重点的差异，对城市体检的维度进行针对性的继承和深化后确定具体指标内容，重点在内涝防治、历史文化名城、社区生活圈、住房保障、燃气安全、园林绿化、道路交通、风貌特色和综合管理服务等方面开展专项体检研究。

（1）住房保障专项体检指标。

住房保障专项体检选取了包括安全耐久、功能完备、绿色智能三个方面的 10 项指标（表 5-9）。主要围绕住房的各类安全隐患、基础管网质量、适老化数字化改造需求等方面展开体检。采用资料调取、台账查阅、大数据分析与满意度调研结合的方式，综合判断城市住房保障的突出问题，为提高城市住房舒适性和安全性提出针对性建议和相应决策。

表 5-9　住房保障专项体检指标体系一览表

| 维度 | 序号 | 指标项 |
|---|---|---|
| 安全耐久 | 1 | 存在使用安全隐患的住宅数量（栋） |
| | 2 | 存在燃气安全隐患的住宅数量（栋） |
| | 3 | 存在楼道安全隐患的住宅数量（栋） |
| | 4 | 存在围护安全隐患的住宅数量（栋） |
| 功能完备 | 5 | 住宅性能不达标的住宅数量（栋） |
| | 6 | 存在管线管道破损的住宅数量（栋） |
| | 7 | 入户水质水压不达标的住宅数量（栋） |
| | 8 | 需要进行适老化改造的住宅数量（栋） |
| 绿色智能 | 9 | 需要进行节能改造的住宅数量（栋） |
| | 10 | 需要进行数字化改造的住宅数量（栋） |

（2）园林绿化专项体检指标。

园林绿化专项体检选取了包括生态宜居、健康舒适、安全韧性、风貌特色四个方面的 23 项指标（表 5-10）。主要围绕城市生态本底保护情况、绿色基础设施建设成效、城市公园体系建设情况等方面开展体检。采用资料调取、台账查阅、大数据分析与满意度调研结合的方式，综合判断城市园林绿化突出问题，为提高绿地覆盖率和服务水平提出针对性建议，为构建山水人城融合的人居环境提供建设支撑。

表 5-10　园林绿化专项体检指标体系一览表

| 维度 | 序号 | 指标项 |
|---|---|---|
| 生态宜居 | 1 | 城市绿地率 (%) |
| | 2 | 城市绿化覆盖率 (%) |
| | 3 | 人均公园绿地面积 ( 平方米每人 ) |
| | 4 | 公园绿化活动场地服务半径覆盖率 (%) |
| | 5 | 城市绿道服务半径覆盖率 (%) |
| | 6 | 10 万人拥有综合公园个数 ( 个每 10 万人 ) |
| | 7 | 城市生态廊道达标率 (%) |
| | 8 | 城市生物多样性保护达标率 (%) |
| | 9 | 城市综合公园公共交通覆盖率 (%)( 新增 ) |
| | 10 | 公园分布均好度 ( 新增 ) |
| 健康舒适 | 11 | 城市林荫路覆盖率 (%) |
| | 12 | 城市道路绿化达标率 (%) |
| | 13 | 立体绿化实施率 (%) |
| | 14 | 园林式居住区 ( 单位 ) 达标率 (%) |
| | 15 | 城市绿地服务群众满意率 (%)( 新增 ) |
| 安全韧性 | 16 | 建成区蓝绿空间占比 (%) |
| | 17 | 防灾避险绿地设施达标率 (%) |
| | 18 | 城市湿地保护实施率 (%) |
| | 19 | 城市园林绿化建设养护专项资金 ( 新增 ) |
| 风貌特色 | 20 | 具有历史价值的公园保护率 (%) |
| | 21 | 古树名木及后备资源保护率 (%) |
| | 22 | 园林绿化工持证上岗率 (%) |
| | 23 | 特色专类公园多样性 ( 新增 ) |

## 5.2.3　城市体检的指标传导

城市体检体系由"区域体检—城市体检—城市更新单元体检和专项系统体检"三个层级内容构成。

城市体检以住房和城乡建设部开展的城市体检工作为指引，针对各地市州及其下辖县（市、区），从生态宜居、健康舒适、安全韧性等多个维度出发，开展"市—区、县—街道（乡镇）"多级联动的整体评估体检，将各政府部门、各级政府的行动计划和城市更新实施项目库整合起来，将基层的问题及诉求有效向上反馈，为各城市有针对性解决"城市病"提供技术支撑。

区域体检以区域内各城市体检成果为基础，增加区域特色指标补充分析。为了推进全省区域发展格局的建设，需要对省内各城市圈群、次区域都市圈进行区域体检。这项工作的重点在于对区域人居环境状态和各项系统一体化建设管理工作的成效进行定期的分析、评估、监测和反馈。通过这些工作，可以准确把握城市圈群的发展状态，及时发现问题短板，监测城市圈群的动态变化，推进城市圈群各项建设实施工作，促进城市圈的高质量发展。

专项体检在城市体检的成果基础上，针对城市更新重点方向与重点实施项目，深入开展城市更新各专项系统的体检评估，查找专项问题并分析原因，引导城市更新的安全韧性和功能品质提升。

为保证多层级的体检结果具有一致性和通用性，层级间应建立起指标上下传导的通道。值得注意的是，体检指标的传导过程不仅是技术问题，更多的是数据管理方面的上下级传导。

三个层次体检工作相互联动，上下传导，构成体系。城市体检是对各地市州及其下辖县（市、区）城市体检内容的落实。区域体检以城市体检为基础，在对城市体检成果数据进行综合分析的基础上，叠加区域体检的特色指标分析，形成区域体检结论（图5-3）。专项体检是对城市体检的细化延伸，面向城市更新需求，在城市体检成果应用基础上，通过细化设置专项指标来深入查找城市更新详细问题，并反馈到城市更新系统中。

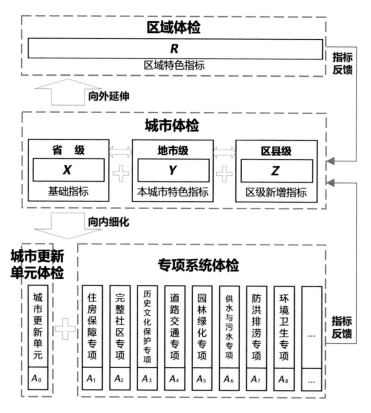

图 5-3 城市体检体系结构示意图

（图片来源：自绘）

## 5.3 基于更新全流程、体检多层级的城市体检数据架构

### 5.3.1 体检工作数据管理的常见问题

通过分析已有的城市体检工作案例，笔者发现目前的城市体检工作主要依靠人工进行数据采集、分析并产生咨询报告，导致城市体检工作一直面临生产效率不高、产品时效性弱、数据治理不完善、数据分析依赖经验判断、成效难以量化等方面的困境。

（1）生产效率不高：在目前的城市体检工作中，数据收集、数据处理、报告设计、报告输出的过程均依赖工作人员人工处理，处理收集来的城市体检基础数据耗时较多，难以快速处理多个重复性任务。

（2）产品时效性弱：目前城市体检采用"一年一体检"制度，每年的城市体检报告也多在年底发布，报告出版之时可能也是报告过期之时，对辅助决策参考意义在实效性上作用有限。

（3）数据治理不完善：各项指标数据的计算与收集，依靠政府各委办局独立提供支撑和专人上报，时间和质量难以把控，数据质量和计算口径难以统一。

（4）数据分析依赖经验判断：数据分析方法受限于数据维度和体量，跨空间横向比对和跨时间的纵向比对不足；报告中很难体现不同城市间的横向对标，分析结论展示形式有限，主要依赖于调研员的经验和洞察能力。

（5）成效难以量化：每年需投入经费委托智库等机构对城市体检报告进行编制，但对城市发展和治理的促进效果难以量化评估，经费投入效果也难以量化评价。

因此，城市体检工作的数字化程度急需加强，利用人工智能、大数据、物联网、区块链等新一代信息技术，建立城市体检的数据架构，形成能够实时展现城市运营状态的数字化底板，形成城市体检评估及高品质建设数字化平台，促使城市体检及城市更新工作的科学化、精细化、网格化与智能化。

## 5.3.2　体检数据架构概述

针对目前城市体检遇到的数据管理问题，需要建立一套符合体检工作流程的数据架构，以满足海量数据的精细化管理。数据架构是指利用数据服务和应用程序编程接口（application programming interface，API），将来自原有系统、数据湖、数据仓库、SQL 数据库和应用程序的数据汇集在一起，提供对业务绩效的整体视图。与单独的数据存储系统相比，数据架构能够消除数据迁移、转换和集成中技术复杂性的抽象意义，为整个数据环境带来更大的流动性，减少项目中集成、部署和维护数据所需的时间，也能有效解决长期以来数据存放和处理间的主要矛盾，显著提升项目的生产效率，具体优势包括数据集成的智能化、数据使用的自助化和数据安全的全面化。

智能集成：利用语义知识图谱、元数据管理和机器学习，统一不同数据类型和终端的数据。帮助数据管理团队汇集相关数据集，以及将全新的数据源集成到项目的数据生态系统中。可完全实现数据工作负载管理自动化，从而提升效率，还有助于消除数据系统中的数据孤岛，集中数据治理实践，以及提高整体数据质量。

自助应用：将数据访问范围扩大至更多的技术资源，例如数据工程师、开发人员和数据分析团队。数据瓶颈的减少会提高生产率，使业务用户快速做出业务决策，并让技术用户优先执行可以更好地利用其技能集的任务。

全面防护：围绕访问控制设置更多的数据治理护栏，以确保特定数据仅供特定角色使用，围绕敏感和专有数据实施数据屏蔽与加密，进而减少数据共享和系统泄露数据的风险。

因此，合理的城市体检数据架构是城市体检长效机制的重要抓手。城市体检数据架构平台的横向和纵向协调，协同城市各部门信息交互，实现四级贯穿的区域、城市、街道和社区细颗粒度数据。该数据架构服务于城市体检的多个方面，包括综合查询、统计分析、评估预警等，实时监测各项指标，并定期发布报告，成为体检评估和城市修复的基础，为更准确地诊断和解决"城市病"提供有效的辅助决策。

数据结构架构围绕平台中的数据与需要它的应用程序松散耦合的想法进行操作。一个多云环境中的数据架构示例是一种云管理数据采集，另一个平台负责监督数据转换和使用，然后可能有第三个供应商来提供分析服务。数据架构将这些环境连接在一起，可以创建统一的数据视图。由于不同企业有不同需求，因此没有唯一的数据架构，但通常数据架构包括以下六个基本组件。

（1）数据管理层：该层负责数据监管和数据安全。

（2）数据采集层：开始汇总云数据，寻找结构化和非结构化数据之间的联系。

（3）数据处理层：细化数据，以确保提取数据时只出现相关数据。

（4）数据编排层：为数据架构执行一些最重要的工作——转换、集成和清理数据，供企业内部团队使用。

（5）数据发现层：为集成不同数据源的数据提供新机会。

（6）数据访问层：允许使用数据，确保一些团队拥有正确的权限，以遵守相关法律政策要求。此外，这一层还使用仪表板和其他数据可视化工具帮助发现相关数据。

### 5.3.3 体检数据架构的总体层次

城市体检信息平台需要利用城市已有的信息化平台的数据资源，并积极引入物联网、互联网等社会大数据，结合人工智能、大数据、物联网和区块链等新一代信息技术，以数字化的形式实时展现城市运行状态，打造城市体检评估及高品质建设数字化平台，促进城市规划、建设、管理和运营的科学化、精细化、网格化与智能化。为此，可以采用总体五层系统架构，包括基础设施层、数据服务层、应用支撑层、分析应用层和展示效果层。

城市体检信息平台包括五个层次的系统架构（图5-4）。首先是基础设施层，包括服务器、硬件存储设备等硬件设施，遵循机房管理、安全配套、网络传输等管理制度。第二个层次是数据服务层，以数据采集、存储和处理技术为基础，使用元数据管理、分布式存储技术和蜂窝式数据仓库技术。第三个层次是应用支撑层，由应用一体化支撑系统和二维、三维引擎支撑构成。第四个层次是分析应用层，重点展示城市体检评估信息系统的四大核心业务功能，包括城市体征运行状态监测系统、城市体检诊断分析系统、辅助决策支持系统和城市体检报告生成系统。最后是展示效果层，支持大屏应用展示、电脑主机应用展示和移动客户端应用展示，同时支持遥控设备通过遥控器或移动客户端进行展示操作控制。

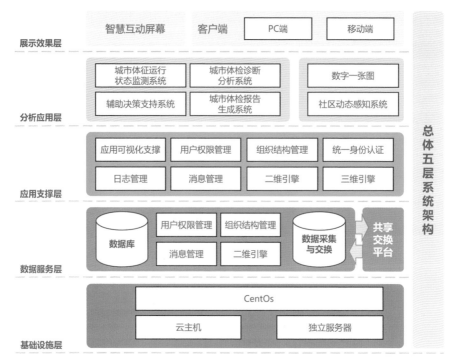

图 5-4　体检数据架构的总体层次示意图
（图片来源：自绘）

通过具体的软件设计框架和工程模式才能实现城市体检数据架构的需求，因此需要基于以上五个层次的系统架构搭建起"1+4+1"工程模式来解决。

**1. 一套基础支撑框架**

（1）应用一体化支撑系统提供专有的可视化工具集，联通数科"智慧树"可视化能力帮助系统轻松实现数据的鲜活呈现。

（2）数字一张图为本系统提供 GIS 基础应用服务，提升位置的精准度。全方位、可视化、多维立体地了解城市部件、管理要素以及服务对象。

（3）一套数据智能系统是基于联通数科数据中台能力底座，对城市体检相关数据的汇聚与加工处理，整合多方数据，以大数据加工、计算、存储、管理的先进手段对数据进行综合治理与服务。

**2. 四大核心功能**

（1）城市体征运行状态监测系统可以对城市的运行状态进行全面的监测，并通过可视化引擎展示城市各项指标的实际情况，从而快速发现城市问题。这些指标将与标准值进行对比，以预警城市发展中的不足。

（2）城市体检诊断分析系统可以找出城市问题的病因，并评估城市运营状态和发展趋势。

（3）辅助决策支持系统将根据诊断分析的结果，为城市存在的问题提供专业建模、细化分析、解决方案和项目清单。

（4）城市体检报告生成系统将监测、诊断分析和辅助决策支持串联起来，提供自动化、实时化和常态化的体检工作支持。

### 3. 建设公众参与客户端

通过客户端实现社会公众参与城市体检活动，公众可通过移动客户端进行周边事件上报和接受社会调研和反馈，给城市体检工作添加数据维度，最终展现更全面、立体、客观的城市体检结果。

## 5.3.4 体检数据架构的技术结构

根据日前国内已经开展的城市体检信息平台建设案例经验的技术结构，城市体检评估信息平台适宜采用在传统 B/S 系统架构的基础上融入的微服务架构，数据存储主要包括关系数据库、空间数据库及文件服务，并在此基础上提供规范化的数据存取接口（图 5-5）。技术结构主要分为人机交互层、核心层、系统软件平台层、基础设施层。

人机交互层：采用目前主流框架 Vue 和 ES6 规范进行前端可视化效果展示，地图功能使用大勘测集团自主产权的三维地理渲染引擎。

核心层：主要使用地图引擎、数据库管理、文件管理、统一的日志管理、数据分析模型等。

系统软件平台层：使用 Java 进行服务开发，采用 SpringBoot 架构，应用基于 RBAC 的强权限控制体系及内存管理机制等。业务数据根据需求将其存储为关系型数据库、空间数据库及文件服务。

基础设施层：主要包括网络环境、数据库服务器、应用服务器、网络通信设施等。

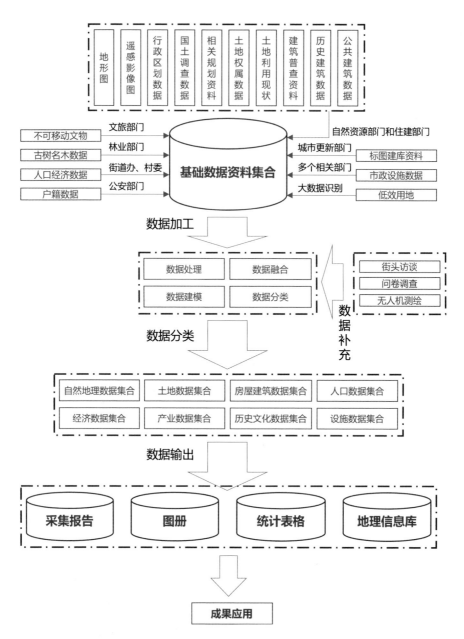

图 5-5 体检数据采集全流程示意图
（图片来源：自绘）

# 5.4 城市体检数据的多场景应用及反馈优化

## 5.4.1 体检数据应用概述

城市体检评估机制已初步建立，成为综合规划城市建设管理的重要手段。城市体检可以揭示城市存在的具体问题，进而成为各城市实施城市更新的主要目标和对象。但需要强调的是，城市体检的意义不在于进行体检本身，而是在于对城市体检成果的应用。

## 5.4.2 人居环境评价中的城市体检数据应用

城市研究一直将人类聚居环境质量视为最基本的问题之一，因为它直接关系到人类的生存和发展。为了确保人居环境的建设符合一定标准并能够进行检验，建立一套科学、完整、可量化的人居环境可持续发展评价指标体系非常必要。通过详细调查数据得出的人居环境评价结果，有助于综合评估城市人居环境的发展阶段、程度和质量，同时还可以进行横向和纵向的比较或建立直接或间接的联系，以便找出不足并纠正发展方向，为城市人居环境的合理规划提供辅助决策。

通过梳理已经开展的人居环境质量评价实践案例，发现该评价是以城市居民的感受为指标设置的考量标准，并以人为核心，以推动城市可持续发展为目标。科学评价方法被用来建立一套综合或专项的评价指标体系，从而客观地展示城市服务能力和生活品质的发展程度。在国内外，人居环境质量评价呈现出一定的相似性，通常包括资源环境、社会公平、经济发展、公共服务等方面的内容。样本聚类和统计分析是评价方法的主要手段，地方政府和统计资料是数据来源的主要渠道，并强调数据的权威性。

住房和城乡建设部已经组织多个城市开展了城市体检试点工作，要求试点城市统计汇总指标数据。因此可以对城市体检试点工作进行追踪观察，深入了解和分析城市体检指标的应用效果，形成试点城市的人居环境评价报告。基于城市体检指标选取的依据，人居环境评价研究结果应重点关注城市人居环境质量在规模和区域上的差异，包括但不限于人居环境的生态质量、交通质量、便利质量、特色质量和活力质量等。而且人居环境评价是一项以应用为导向的研究成果，能够有效地客观展现和深入剖析城市建设发展中的问题，在前一年的城市体检试点城市应用过程中出现的不适应的问题，也将在接下来一年城市体检过程中逐一修正完善，并继续在全国城市中进行实践检验。

人居环境质量评价制度是城市治理现代化的核心之一，其中城市人居质量评价指标体系是有效的城市治理手段之一。城市体检数据通过服务于人居环境质量评价过程，也应用于新时代的城市治理，为城市治理提供逻辑框架和技术平台，以全局视角和具体形式来探究城市运行过程中各主体互动的特征和变化。通过将空间评价与人文和社会因素结合起来，厘清问题背后的经济社会成因，城市体检数据有助于梳理总结城市发展过程中的问题和机遇。此外，城市体检数据为探索城市治理制度创新提供更明确和客观的技术支持。

### 5.4.3　城市更新行动中的城市体检数据应用

新时期的城市更新行动已经不再仅仅是简单的修补，而是一项需要具备系统性、整体性和协同性的工程。为了实现这一目标，我们需要建立动态感知、实时评价和及时反馈的工作机制。城市体检是一种可行的技术路径，通过在前端进行监测、评价和反馈，它可以针对城市建设中的问题，围绕城市发展目标，依托新型城市基础设施赋能，并借助智慧城市等手段，最终促进城市更新。

根据国际经验和城市发展规律，我们有必要先进行城市体检，全面检查城市发展和规划建设管理中的薄弱环节和不足之处，以便在实施城市更新行动时能够治理"城市病"。城市更新的实施路径应该是先进行城市体检，而城市更新行动又是城市体检的重要组成部分，是城市体检提供的"治疗方案"。

简单来说，城市体检是对问题的诊断，城市更新是对问题的治理，两者是相辅相成的关系。

在城市更新中，待更新的地段常常会面临复杂的产权信息和多样的城市问题，因此需要采用精细化的规划和治理手段。城市体检评估数据提供了这些工作的数据基础。随着城市更新需求的不断增长，城市体检数据的应用方法也不断增加。其中之一是构建"街区诊断"三级指标体系，从人口、功能、交通、风貌空间等方面深入探究街区的问题，从而制定系统的规划方案。另一个方法是通过"城市双修"规划评估，以精准查找现状问题为基础，并结合发展规划实施各层级的重点项目。这些方法都有助于更好地实施城市更新行动。

首先，城市体检数据能整合跨部门综合数据，为城市更新改造提供支持。城市更新改造牵涉到众多建设平台公司和行政管理部门，为避免分割数据信息带来的问题，需将各部门协调起来。因此，通过城市体检数据收集跨部门城建数据，座谈街道乡镇和各职能部门，获取纸质文件和电子数据，可为城市更新提供较好的工作基础。

其次，城市体检数据可将大数据引入城市更新工作中。由于城市更新需要大量高精度的数据，因此引入人工智能的数据处理和分析方式可以提高工作效率和准确性。通过城市体检多源数据的应用，可以解析静态或动态页面，抓取城市相关原始数据；同时融合空间数据，从地理空间的视角分析城市各类数据，展示城市现状空间数据信息；创新数据应用分析方法，建立应用分析模型并应用于实际问题，例如职住平衡、街道活力和公共服务设施的服务能力等问题。

最后，城市体检数据可助力城市更新的精细化管理。城市更新需要对规划范围内地块、路段、设施点位进行数据汇总，而海量的体检评估信息数据可以有效完成这样的任务。在城市体检智慧化平台，每一个地块都有完整的现状记录表和评价表，记录了基础数据、民生设施、公共空间、风貌环境等方面的信息。结合项目库信息平台，可以实时判断项目完成情况，进行关联分析，推动规划方案优化完善，提高城市精细化管理程度。

### 5.4.4　社区生活圈规划中的城市体检数据应用

社区生活圈是指居民在社区周边开展日常活动所需的空间范围和满足日常需求的时空资源集合。社区作为城市社会空间的基本组成细胞，同时也是构成社会治理的基本单元，将居民联系成为日常社会生活共同体。在以人为本、重视人的需求的城镇化转型背景下，对于落实新型城镇化、实现公共资源均等精准配置来说，以居民日常生活为重点的生活圈规划、评估成为重要的抓手。社区生活圈规划应该立足于居民视角，完善基础设施和公共空间配置水平。因此，城市体检数据在社区生活圈问题研究中的应用具有重要意义。通过引入设施便利性的体检评估，可以更好地了解城市社区生活圈的现状特征及问题，从而为生活圈的建设提供新思路。

目前，对于社区生活圈的研究多从多源数据如兴趣点 POI、开源地图 OSM、互联网出行等出发，以供需关系为视角，分析城市居住区生活圈内商业、教育、文体、医疗、交通、养老等六类设施与现状人口匹配程度。而且城市体检数据可以用于对社区生活圈中一项或多项生活服务设施的现状评估，以城市"诊断"的方式研究社区生活圈中存在的问题和不足。利用空间分析技术明确空间布局问题，并因地制宜提出规划建议，解决社区原有设施非针对性选址的问题。这种方法可通过专项评估为城市提供更精准的数据，为规划提供更明晰的方向，从而更好地服务于居民的日常生活需求。

城市体检数据在社区层面通过数据分析来指导新建和改造生活服务设施，调整优化生活性服务业设施功能设置，构建规范便利、智慧高效的生活性服务业体系，打造"品质生活，和谐宜居"的生活环境，夯实基础，不断提升城市精细化管理水平、提升社区居民的幸福感。

6

# 以城市体检推动城市更新的
# 理论与技术展望

# 6.1 理论与实践互馈，夯实"面向城市更新的城市体检"理论基础

## 6.1.1 城市更新体检融合的有关理论

面向城市更新的城市体检指标体系，主要包括生态宜居、健康舒适、安全韧性、智慧高效、文化特色、风貌特色、多元包容、创新活力八大维度。从对城市的整体认知上，面向有机更新的城市体检将城市视为有机体、生命体，在指标维度体系构建上，引入了城市舒适性、可持续发展、城市韧性、包容性规划、创新网络（创新系统）等理论（图6-1）。

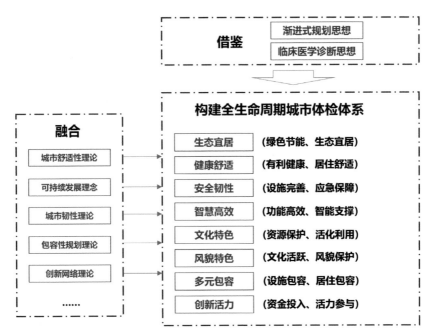

图 6-1 面向城市更新的城市体检的理论思想源流
（图片来源：自绘）

从指标维度来看，多元学科背景的多种思想与理论都是城市体检指标体系构建的灵感源泉，这是一个社会学、生态学、生物学、心理学、地理学、经济学等多学科交叉的技术融合式创造。

### 6.1.1.1 临床医学的诊断思想

"十二五"期间，"城市病"概念在政策加大对"城市病"的关注后才引发国内广泛关注，"十三五"期间，"城市体检"这一关键词出现频次不断上升，是对"城市病"概念的补充与回应。

"城市体检"的概念来源于"城市病"，城市可以被看作与人体类似的生命体，城市体检也与个体健康诊断的过程类似。面向"城市更新"的城市体检，可类比于面向"特定治疗手段"的"专门检查"，借用了临床思维、循证医学诸多思想。

临床思维是用经验性规律推断特定个体的疾病的思维过程，也就是临床诊断推理。这种思维过程涵盖了临床实践中收集、评价资料并做出诊断和处理决策的整个推理过程。临床思维可分为分析性推理和非分析性推理，两者相互交互和互补。临床思维方法是指在调查、研究、分析和综合病人病情时进行的一系列思维活动，包括诊断、鉴别和决策等逻辑思维过程。这种思维方法不仅是诊断过程中的基本方法，也是随访观察、治疗决策和预后判断等临床活动中不可或缺的逻辑思维方法。城市规划实践中广泛运用的问题导向就采用了诊断思维，但是诊断相对主观与结果导向，诊断方法与判断依据相对粗糙，仅有一些基于实践样本提炼的经验标准规程可以参照。

循证医学的核心理念是医疗决策应基于临床研究证据，同时结合医师经验和患者意愿。相较于传统医学，循证思想的方法论更加科学、系统化和全面。传统医学倾向于依赖医师的个人经验和技巧，缺乏系统性的理论基础和综合诊断信息。而循证思想则强调利用当前最优的临床证据作为决策依据，从而实现更加准确和有效的诊断和治疗效果。循证医学思想与有限理性思想下的分离渐进主义思想、参与式规划方式都有着许多相似之处，循证设计策略已经作为一种规划思维应用到了部分基于特定主题或健康目标生成的城市设计类型的规划项目中，这些项目共通点在于能够控制变量，实现规划手段的绩效比较，并进一步再反馈改进前期的规划手段。

### 6.1.1.2　城市有机生命体理论

在人类文明的起源时期，东西方对于自然的看法存在相似之处。它们都认为自然是一个有机、有灵的整体，其中包含了人类自身，并具有意志、情感和生命力，因此，人们提出了许多不同名称但内涵相似的理论。城市则是将人类与宇宙紧密联系起来的媒介，使人们可以与巨大的自然力量互动。作为一个"生命有机体"，城市内在的秩序是通过其各组成部分之间的复杂相互作用和自组织行为而形成的，并在整体的关联中维持着"生命"的平衡。目前，关于城市生命体或城市有机体的理论仍在将生物学相关概念粗略地应用于城市认知领域中。2020年3月，习近平总书记在考察武汉时强调，城市是生命体、有机体，要敬畏城市、善待城市，树立"全周期管理"意识。相对其他理论，城市有机生命体理论是最为契合城市更新体检需要的完整理论框架。

根据城市有机生命体理论，城市具有生理机能、智能和情感。首先，城市的生理机能确保城市在形态和机能方面正常运转。生物学和哲学的发展带动了城市研究的新方向，城市与生物在许多生命特征上的相似性为城市理论提供了新的可能性。现在，城市研究的共识是城市是有机生命体，具有生理机能。其次，城市具有智能，包括知识和智力。知识是城市智能的基础，智力是城市生命体面对问题和挑战的自我调节机制。城市精神和性格的传承是智能在时间维度上的表现，而城市间的竞争和协同则是智能在空间维度上的表现。这保证了城市具有学习、发展和进化的能力。最后，城市具有情感和情绪。它们反映了人类对城市的感知和情感。城市中人的情绪和空间之间具有耦合关系，城市的记忆也可以映射出时间和时代的城市情感特征。这是判断城市发展的有效依据。和谐共生是良好城市情绪的体现。

城市有机生命体理论在理论框架完善之前已经形成了大量实践，演绎出大量概念，并在国内城市治理政策文件中频繁出现。基于城市有机生命体视角演绎的概念提法极其丰富，"智慧城市"将城市视为"可感知、自生长"的系统；"生命共同体"强调自然生态系统各要素之间的共生、共荣关系；"城市细胞"将城市基本单元视为城市生命体的细胞，这些概念的出发点与对城市的认知是类似的。

### 6.1.1.3 城市舒适性理论与"城市人"理论

舒适性理论追求"以人为本"的环境。美国社会心理学家马斯洛1943年在《人类激励理论》中提出了经典的需求层次理论。而城市舒适性理论主要关注人才的需求，认为人才或者受过良好教育的从业者倾向于选择舒适性较高的城市居住和生活。这一概念最早的提出者乌尔曼将舒适性定义为令人愉悦的生活条件，广大学者们对舒适性具体内涵的界定主要在城市的自然舒适性、人工舒适性、社会氛围舒适性等方面，舒适性理论尚未形成通用的、明确的概念定义与模型。由于数据获取手段受限，城市舒适性相关研究尚未完全进入量化研究阶段。

"城市人"理论参考了经济学的"理性人"假设，结合了生物学的认知将城市视为复杂系统，重视"人与城的互动"，但为了无所不包，其基本假设极其复杂，复杂既是其优点，也造成了该理论发展完善的局限。经济学由理性人的假设出发，由简洁发展到复杂；"城市人"理论从复杂出发，就难以发育出清晰简洁的体系。尽管其与舒适性理论思路相似，但从理论模型的出发点由外部环境变成了人。根据梁鹤年先生的理论，人性可以被分为物性、群性和理性。理性城市人是指那些选择在城市聚居，追求空间接触机会的人。这些人往往注重自我保护，致力于扩大经济空间，以获得更好的经济回报。然而，作为一个群体，理性城市人也需要关注共同发展，通过平衡经济空间（产业发展）和社会空间（公共服务）来提高整体生活质量。同时，作为整体，理性城市人应当注重自我保护，并努力增加城市建设空间，以提供更好的生活环境。然而，他们也需要重视共同发展，通过平衡城市建设空间和生态空间，实现人类社会和自然生态的整体利益最大化，实现可持续发展。

相比面向城市治理的城市体检，面向城市更新的城市体检更为关注人本尺度，关注"吸引来人，留得住人"，从而在健康舒适、多元包容维度予以更多关注。在部分特定功能导向的城市更新中，可以根据需要吸引的产业与人才的特定需求开展研究，给特定人群带来"令人愉悦的生活与工作体验"，从而留住他们，如创意街区、科学城可以定向满足创新人才、创意阶层的空间需求，产业园区可以尝试满足园区人才体系的空间需求等。因此，大量城市体检更新实践在"舒适性"理论指导下，增加了特定人群需求导向的体检维度。

### 6.1.1.4 可持续发展理念与城市韧性理论

可持续发展作为一种城市发展理念，历史悠久，其主要是一种社会与经济发展方式的倡导，尚未被提炼为完整的理论，其学科背景主要源自环境学科。1978 年，国际环境和发展委员会首次在文件中正式使用了可持续发展概念。1987 年由布伦特兰报告《我们共同的未来》发表之后，可持续发展才对世界发展政策及思想界产生重大影响。1992 年 6 月在里约热内卢举行的"联合国环境与发展大会"是人类有史以来最大的一次国际会议，大会取得的最有意义的成果是两个纲领性文件——《地球宪章》和《21 世纪议程》，标志着可持续发展从理论探讨走向实际行动。

韧性一词最早来源于拉丁语"resilio"，其本意是"回复到原始状态"，借用了生态学相关概念，在应用到城市规划领域后，其概念内涵从"被动"走向主动。目前国内城市韧性理论广泛应用于灾害学、地理学、社会学、城市规划学等学科领域，发展迅速、成果丰富。城市韧性理论将城市视为复杂系统或生态系统，重视其自稳定与自恢复能力，是可持续发展理念的延伸。在城市规划语境中，韧性强调城市复杂系统应对各项风险的能力。被动的弹性和适应性无法完全抵御大自然的自我破坏、更替、选择和重组所带来的危机，因此城市需要提升生存能力，而不仅是被动依靠弹性和适应性。为此，塔勒布提出了反脆弱性的概念和"脆弱—韧性—反脆弱"的三元结构特征。反脆弱性不仅可以抗冲击并恢复原状，更重要的是让事物变得更好，以提前减少冲击或提升抵御冲击的能力。

面向城市更新的城市体检中融入了城市韧性理论关注的相关指标，韧性思想最早被应用到系统生态学中，用来定义生态系统稳定状态的特征。通过城市状态与城市韧性相关数据分析，能够为城市韧性理论规律机制研究提供研究样本。与面向城市治理的城市体检相比，面向城市更新的城市体检能够提供精度更高的片区级研究样本。

### 6.1.1.5 包容性理论与"以人为本"思想

包容性增长理论由亚洲开发银行 2007 年首次提出，第三届联合国住房和城市可持续发展大会中新城市议程将对包容性理念的重视发扬到了极致。"包容性增长"是指社会和经济的协调发展，以及对"环境友好"的可持续发展。它与单纯追求经济增长相对立，更倡导一种机会平等的增长。促进社会公平正义、增进人民福祉是全面深化改革的出发点和落脚点，也是中国共产党治国理政的重要价值取向。"人民城市人民建，人民城市为人民"是习近平考察上海时提出的重要理念，上海市的城市更新工作、技术体系、相关实践与法规都将这一理念落到了实处，该理念体现了在城市发展与建设的过程中"人民"的主体地位，也是城市更新的价值取向与重要目的。

包容性理论蕴含了"以人为本"的思想，体现了以人民为中心的发展理念，是其重要的价值取向。同时，"以人为本"也为包容性理论提供了价值基础。两者相互联系、相互促进，共同指引着城市更新的目标和方向。

包容性规划本质上是为了实现包容性增长，因而其必须有利于社会经济生态全面协调可持续发展，有利于公平合理地改善民生，有利于保障公民的合法权利。城市更新强调"人民"的主体地位，是包容性规划的实施手段之一。增进民生福祉是面向城市更新的城市体检所追求的重要价值导向，因此在体检维度与更新导向中包含大量契合包容性理论与"以人为本"价值导向的相关指标。

### 6.1.1.6 创新网络理论

创新作为一种理论，可追溯到 1912 美国哈佛大学教授熊彼特的《经济发展理论》。熊彼特在其著作中提出：创新是指把一种新的生产要素和生产条件的"新结合"引入生产体系。创新网络是将经济地理学与城市规划学科下的区域与城镇体系与社会学的社会网络分析方法结合形成的理论框架，在经济地理学科视角下形成的创新网络理论中，城市被视为创新节点，并根据其创新功能与能级进行分类和分级。在深层次的规律与机制探索中，创新网络演化动因研究主要援引了生态学的"惯例""共同演化"等概念，探讨区域创新网络的演化过程和机制。

通过城市空间生产要素的优化来推动城市发展新质生产力，是城市更新的重要目标之一。因而，创新是所有城市体检与更新实践必不可少的关键维度。

## 6.1.2　城市更新体检实践的理论贡献

### 6.1.2.1 实现城市健康标准化，形成科学的城市健康判断标准

人们对城市的认识经历了从"机械体"到"生命体""生态系统"的变化。将城市视为有机整体的视角最早源于生物学与生态学领域，早在20世纪初，现代城市规划理论先驱帕特里克·格迪斯，从生物学、生态学视角编著了《进化中的城市：城市规划与城市研究导论》一书，提出了"调查先于规划，诊断先于治疗"。20世纪中期以来，生物学的不断发展也为规划学科提供了灵感与启迪。在这一思想认知下，面向城市更新的城市体检是一种促进城市健康发展的手段。

在现阶段，城市体检评估工作与城市更新工作之间缺乏有机衔接，在现有的城市体检实践积累下，"什么样的城市是健康的""什么范围区间的指标意味着健康"缺乏标准化的判断标准。单个城市各项指标全面收集完善后并不能直接回答"哪些区域、哪些方面需要开展怎样的城市更新"。正如临床医学的发展，自18世纪起基于海量临床案例积累，才形成了今天的学科体系；随着"城市体检—城市更新"相关实践积累越来越丰富，"标准化、可比较"的体检体系即将建构。

### 6.1.2.2 提高城市更新科学性，建立完善的"诊断—更新"工作机制

目前大部分的城市更新规划编制都采用的是"现状与问题"与"规划手段"一体化编制模式，这种编制模式产生了一些问题：城市更新的决策先于城市更新规划产生，这样使得规划科学性欠缺。

"先体检、后治疗"的城市更新体检模式将"是否需要开展城市更新"从原有的一体化编制模式中提取出来，将城市体检诊断工作作为独立工作体系进行构建和实施，从而让城市更新中的现状剖析能够不流于表面，而是开展更深层次的病因溯源与病理诊断，从而为"诊断—更新"机制奠定更为完善的工作方法流程基础。

## 6.2 方法与技术创新，构建适应新需求的城市体检更新技术体系

### 6.2.1 城市体检更新机制与"新技术"共同成长

"高算力"为"城市大脑"建设奠定了基础。"大数据、智能化、云计算、移动互联网"技术为城市管理运营主体开启"上帝"视角观察与监测城市提供了可能，先进技术与优质应用场景形成了相互促进的关系。"大数据"分析展示技术与城市治理形成了良好的互动，各类面向社会开放共享的城市数据展示大屏，在城市招商、市民服务等场景里都起到了积极的作用。"人工智能"在城市预测与城市运营管理中起到了良性作用，我国对于以人工智能技术支持下的模拟推演和预测预警来辅助监测城市空间设施运转状态的研究已有初步探索，通过智能技术探究城市问题机理、认识城市发展规律、辅助政府科学决策将是未来的拓展方向。移动互联网技术的发展，为城市物联网构建奠定了基础，有利于城市管理者对城市运行状态进行监测、评估。"云

计算"为信息平台在城市治理中广泛推广提供了"算力"基础设施基本条件，从而能够有效降低硬件成本，但受限于各类数据的保密限制，目前政府使用的各类信息平台还难以使用云计算技术。

"新技术"为城市体征监测提供了可能。仅就搭载新技术的城市体检而言，部分经济发达、技术先进的城市构建了监测城市运行机制的"城市体征运行状态监测系统"，这些城市的城市监测需求为新技术创造了广泛的运用场景。美国波士顿市建立了基于城市部门行政效能的城市体征指数界面，通过消防、教育等各部门的指标反馈，确定城市整体的公共安全、教育、健康、居民满意度水平。上海城市体征监测指数体系分为规划国土基础指标、人口普查基础指标、经济普查基础指标、手机信令基础指标、出租车GPS基础指标、轨道刷卡基础指标和房屋价格基础指标七类，结合上海市房屋土地资源信息中心的数据优势，构建城市用地、城市建设、城市人口、城市产业和城市出行的多维指数。粤港澳大湾区践行湾区发展纲要要求，建设全面覆盖、泛在互联的智能感知网络以及智慧城市时空信息云平台、空间信息服务平台等信息基础设施，形成了"数字湾区"平台。这些城市发展运行监测的需求为最新的技术提供了应用场景。

"新工具"为城市问题诊断、城市功能使用数据获取带来便利。面向老旧小区改造的房屋形变探测技术，面向市政设施运营的智慧路灯技术、积水探测等，已经投入预防危房倒塌、城市内涝造成的交通瘫痪等各类应用场景中。街道与公共空间的使用情况监测、复杂空间室内地图技术、数字盲道引导技术等，已经结合地图运用，为城市的"用户"能够便捷地使用各项城市功能带来了便利。相似的感知硬件设备与地图使用数据也被大量地运用在城市体检与城市更新实践中，为城市体检诊断带来极大便利。

## 6.2.2 城市体检更新机制与"新科学"共同进步

### 6.2.2.1 城市体检"数据库"成为城市研究样本

新技术为城市监测和体检提供了全新的视角，推动了城市科学的发展。在城市体检和大数据城市规划出现之前，由于城市科学发展程度有限，全球城市样本数量、观察城市的手段和数据积累都相对匮乏。此外，进行城市实验的复杂性和成本也大大高于医学领域的小白鼠试验。这些因素都限制了城市科学的发展，并使得城市体检难度极大。然而，近年来大数据和人工智能等技术的发展让城市科学进入了一个新的阶段，也促成了新城市科学的形成。

城市体检能为诊断标准提供数据。面向城市更新的城市体检体系，参考临床医学的诊断思想并结合城市有机生命体理论综合构建而形成。正如临床医学的大量实践证据，为现代医学体系的完善贡献了广泛的研究数据，城市体检更新反馈机制也将会为城市规划学科下的城市诊断学等学科发展贡献大量样本数据，从而为形成城市健康判定标准奠定基础。

### 6.2.2.2 "新城市科学"为城市体检提供诊断依据

在积累了海量数据之后，新城市科学中面向城市诊断的分支，有望如临床医学一般，为城市各项体检提供"健康正常区间"，根据趋势监测与数据分布给出是否存在"病征"、是否将会发生健康问题的客观诊断。

**城市更新需要基于城市体检的诊断标准，判断"是否开展更新""在哪里开展更新""开展怎样的更新"。** 目前面向城市更新的城市体检，在数据采集之后是极其重要的决策与判断环节，即从城市运行状态中提取出城市更新潜力空间，形成城市更新导向建议，作为后续开展城市更新以及编制城市更新规划的依据(图6-2)。城市更新工作涉及的利益主体复杂，"帕累托最优"基本难以达成，因此需要更为客观与科学的标准体系，规避主观判断与利益主体倾向等导致的"不公平"。

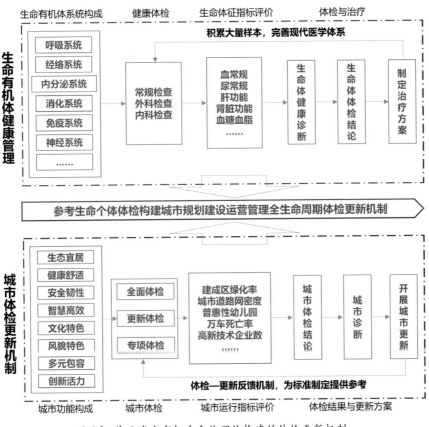

图 6-2 基于城市有机生命体理论构建的体检更新机制

（图片来源：自绘）

## 6.2.3 城市体检更新技术需求仍然"待满足"

### 6.2.3.1 不同城市的支付能力不同，需要普惠性城市体检质量持续进化

受限于新技术推广建设的高成本，不同经济实力的城市能够实现的城市体检形式不同。

具备较强经济实力的城市可选择委托第三方机构来开展城市体检，以补充城市自我评估的不足。第三方机构应摆脱政府部门烦琐的业务数据工作，积极引入新技术和新数据（如国家机构公开数据），建立前沿技术框架来进行城市体检（图 6-3）。此外，第三方机构应提供综合报告，与城市自身评

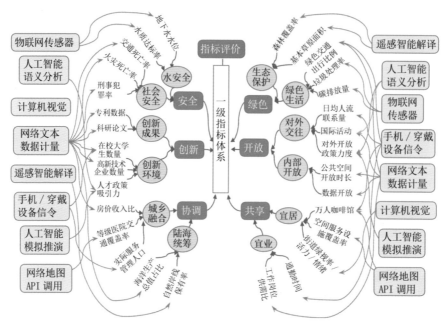

图 6-3　第三方体检中可以采用的新技术、新数据
（图片来源：王灿等，2021）

估指标相互补充、校核、支持，最终形成城市体检评估成果报告，并将数据纳入信息系统。

　　第三方体检针对性强，但相关分析需要较长时间与精力。部分关键性数据尚未形成标准化通用性数据服务，并且由垄断性服务商提供服务，成本极其高昂，无法全面推广。许多城市体检服务商为了节约成本，通常以主要服务市场为范围购买数据，统一分析，广泛应用在各个项目中。这样的个性化服务仍然是不经济的。同时，由于城市科学借鉴了太多外源概念而未形成完善的内部体系，导致不同服务商对分析理论与方法的理解不同，进行了丰富的创造，而非科学的分析。

　　指标式体检普及程度高，但对现阶段城市问题诊断的指导意义不强。对更多的地区和城市，指标式的城市体检是一种简洁、有效、经济的城市体检方式。城市体检的指标体系经过系统化筛选，产生了标准化的指标体系与特色化指标选取引导，既便于横向比较，又能够跟自身进行对比。这种高度凝练、简洁的城市体检也有其缺陷，相比包含第三方体检的大数据分析、全面检测城市运行动态的信息平台，指标式体检损失了大量的信息，仅仅描述整体属性，损失了内部结构数据。

未来随着城市体检服务的技术进步，有望形成不同层次的城市体检技术选择。如果类比于人类生命个体的话，可以看作不同经济实力的个体，能够在不同挡位的健康体检服务中做出适应自身支付能力与支付意愿的选择。

### 6.2.3.2　不同更新方式的效果不同，需要更为深入的城市更新绩效判断

城市更新"后评价"能够为城市更新手段绩效评估提供大量的数据与证据，支持每个城市更新中的"小选择"能走在正确的方向上。例如，当规划师面临不同的更新方式选择时，需要一套现有的更新项目实施后的反馈，来提示他们选择更为契合本地居民实际需求与城市更新供给能力的更新策略与手段，以避免大量的公共投资浪费。又例如，当政府面临多个不同的城市更新项目打包方式选择时，能够去选择更为契合城市发展长远利益，同时满足财务可持续需求的城市更新项目打包方式。

### 6.2.3.3　不同城市的健康标准不同，需要跟踪性、长周期积累实现科学诊断

不同等级规模、主导功能，处于不同都市圈经济区位的城市，处于全生命周期不同发展阶段的城市，其体征健康正常区间是不同的，原有的区域规划对城市的理解已经远远无法满足实践的需要。正如临床医学中，幼儿、青壮年、老年人的体征健康区间是不同的，不同年龄段的正常身高区间不同，城市不同发展阶段的健康指标区间不会相同；又如男性与女性成年个体的健康判断标准不同，综合性功能城市与专业功能城市的健康指标区间不会相同。通过海量城市数据的消化与处理，直到能够形成判断标准或诊断依据，既需要学术界理论发展支持，又需要结合人工智能技术来重新审视城市。

在城市规划学科的科学诊断体系形成之前，跟踪性、长周期的技术发展积累十分必要，城市体检更新机制、城市跟踪性运行监测工作都有必要长期坚持下去。

# 参考文献

[1] 王文静 , 秦维 , 孟圆华 , 等 . 面向城市治理提升的转型探索——重庆城市体检总结与思考 [J]. 城市规划 ,2021, 45(11):15-27.

[2] 汪军 , 陈曦 . 英国规划评估体系研究及其对我国的借鉴意义 [J]. 国际城市规划 ,2019,34(4):86-91.

[3] 肖扬谋 , 谢波 , 陈宇杰 . "以人为本" 视角下的城市体检逻辑与优化策略 [J]. 规划师 ,2022,38(3):28-34.

[4] 毛羽 . 城市更新规划中的体检评估创新与实践——以北京城市副中心老城区更新与双修为例 [J]. 规划师 ,2022,38(2):114-120.

[5] 石晓冬 , 杨明 , 王吉力 . 城市体检 : 空间治理机制、方法、技术的新响应 [J]. 地理科学 ,2021,41(10):1697-1705.

[6] 杨婕 , 柴彦威 . 城市体检的理论思考与实践探索 [J]. 上海城市规划 ,2022,162(1):1-7.

[7] 赵民 , 张栩晨 . 城市体检评估的发展历程与高效运作的若干探讨——基于公共政策过程视角 [J]. 城市规划 ,2022,46(8):65-74.

[8] 王吉力 . 城市功能领域的体检评估 : 体系构建与方法探索 [J]. 规划师 ,2022,38(3):5-11.

[9] 张子玉 . 从规划实施阶段性总结到城市体检——新中国成立以来北京城市总体规划实施评估工作回顾 [J]. 北京规划建设 ,2021,199(4):199-201.

[10] 张文忠 , 何炬 , 谌丽 . 面向高质量发展的中国城市体检方法体系探讨 [J]. 地理科学 ,2021,41(1):1-12.

[11] 张娟 . 住房和城乡建设部与江西省政府合作建设城市体检评估机制 [J]. 城乡建设 ,2021 (7):5.

[12] 温宗勇 . 北京 "城市体检" 的实践与探索 [J]. 北京规划建设 ,2016 (2):70-73.

[13] 石晓冬 , 杨明 , 金忠民 , 等 . 更有效的城市体检评估 [J]. 城市规划 ,2020, 44(3):65-73.

[14] 住房和城乡建设部 . 江西省开展城市体检工作情况调研报告 [R]. 2021.

[15] 王蒙徽 . 实施城市更新行动 [J]. 城市勘测 ,2021 (1):5-7.

[16] 洪梦谣 , 魏伟 , 夏俊楠 . 面向"体检—更新"的社区生活圈规划方法与实践 [J]. 规划师 ,2022,38(8):52-59.

[17] 刘昭 , 黄曦宇 , 李青香 , 等 . 面向过程治理的城市体检评估框架与协同研究 [J]. 规划师 ,2022,38(3):20-27.

[18] 徐勤政 , 何永 , 甘霖 , 等 . 从城市体检到街区诊断——大栅栏城市更新调研 [J]. 北京规划建设 ,2018(2):142-148.

[19] 杜栋 . 城市"病"、城市"体检"与城市更新的逻辑 [J]. 城市开发 ,2021(20):18-19.

[20] 马静 , 华文璟 , 苏鹏宗 . 城市体检助力城市高质量发展的探讨 [J]. 未来城市设计与运营 ,2022(9):33-35.

[21] 吴善荀 , 曾黎 , 何为 . 面向空间治理现代化的城市体检评估探索——以成都市为例 [J]. 四川建筑 ,2021,41(06):7-10, 13.

[22] 张文忠 . 中国城市体检评估的理论基础和方法 [J]. 地理科学 ,2021,41(10):1687-1696.

[23] 张文忠 , 何炬 , 谌丽 . 面向高质量发展的中国城市体检方法体系探讨 [J]. 地理科学 ,2021,41(1):1-12.

[24] 毛羽 . 城市更新规划中的体检评估创新与实践——以北京城市副中心老城区更新与双修为例 [J]. 规划师 ,2022,38(2):114-120.

[25] 詹美旭 , 魏宗财 , 王建军 , 等 . 面向国土空间安全的城市体检评估方法及治理策略——以广州为例 [J]. 自然资源学报 ,2021,36(9):2382-2393.

[26] 石忆邵 . 中国"城市病"的测度指标体系及其实证分析 [J]. 经济地理 ,2014,34(10):1-6.

[27] 张春英 , 孙昌盛 . 国内外城市更新发展历程研究与启示 [J]. 中外建筑 ,2020(8):75-79.

[28] 王嘉 , 白韵溪 , 宋聚生 . 我国城市更新演进历程、挑战与建议 [J]. 规划师 ,2021,37(24):21-27.

[29] 冯晶, 王暄, 魏巍. 对新时期城市更新的认识与思考 [J]. 建设科技, 2022(11):20-23.

[30] 景琬淇, 杨雪, 宋昆. 我国新型城镇化战略下城市更新行动的政策与特点分析 [J]. 景观设计, 2022(2):4-11.

[31] 黄卫东. 城市治理演进与城市更新响应——深圳的先行试验 [J]. 城市规划, 2021,45(6):19-29.

[32] 崔博庶, 高硕, 张云金, 等. 基于大数据技术的北京城市体检街区治理评价 [J]. 北京规划建设, 2020(s1):130-135.

[33] 张文忠. 中国城市体检评估的理论基础和方法 [J]. 地理科学, 2021,41(10):1687-1696.

[34] 王伊倜, 王熙蕊, 窦筝. 城市人居环境质量评价指标体系的应用探索——基于城市体检试点的实践 [J]. 西部人居环境学刊, 2021,36(6):50-56.

[35] 林文棋, 蔡玉蘅, 李栋, 等. 从城市体检到动态监测——以上海城市体征监测为例 [J]. 上海城市规划, 2019(3):23-29.

[36] 张乐敏, 张若曦, 黄宇轩, 等. 面向完整社区的城市体检评估指标体系构建与实践 [J]. 规划师, 2022,38(3):45-52.

[37] 王伊倜, 王熙蕊, 窦筝. 城市人居环境质量评价指标体系的应用探索——基于城市体检试点的实践 [J]. 西部人居环境学刊, 2021,36(6):50-56.

[38] 沈育辉, 童滋雨. 人本尺度下社区生活圈便利性评估方法研究 [J]. 南方建筑, 2022(7):72-80.

[39] 龙瀛, 唐婧娴. 城市街道空间品质大规模量化测度研究进展 [J]. 城市规划, 2019,43(6):107-114.

[40] 何炬, 张文忠, 曹靖, 等. 多源数据在城市体检中的有机融合与应用——以北京市为例 [J]. 地理科学, 2022,42(2):185-197.

[41] 王皓, 王建军, 詹美旭. 广州市城市体检指标评价方法的应用与思考 [C]// 中国城市规划学会. 面向高质量发展的空间治理——2021 中国城市规划年会论文集. 2021:262-269.

[42] 温宗勇，丁燕杰，关丽，等．舌尖上的城市体检——北京西城区月坛街道菜市场专项体检 [J]．北京规划建设，2019(1):154-160.

[43] 徐钰清，刘世晖，于良森，等．现代化治理下城市体检及技术应用探索与实践——以景德镇城市体检为例 [J]．智能建筑与智慧城市，2022(4):74-78.

[44] 关丽，丁燕杰，刘红霞，等．新型智慧城市下的体检评估体系构建及应用 [J]．测绘科学，2020,45(3):135-142.

[45] 曹康，王晖．从工具理性到交往理性——现代城市规划思想内核与理论的变迁 [J]．城市规划，2009,33(9):44-51

[46] 张文忠．中国城市体检评估的理论基础和方法 [J]．地理科学，2021,41(10):1687-1696.

[47] 杨婕，柴彦威．城市体检的理论思考与实践探索 [J]．上海城市规划，2022(1):1-7.

[48] 叶锺楠，吴志强．城市诊断的概念、思想基础和发展思考 [J]．城市规划，2022,46(1):53-59.

[49] 姜仁荣，刘成明．城市生命体的概念和理论研究 [J]．现代城市研究，2015(4):112-117.

[50] 朱勍．城市研究中生命视角的引入 [J]．城市规划学刊，2008(2):24-30.

[51] 温婷，蔡建明，杨振山，宋涛．国外城市舒适性研究综述与启示 [J]．地理科学进展，2014,33(2):249-258.

[52] 赵瑞东，方创琳，刘海猛．城市韧性研究进展与展望 [J]．地理科学进展，2020,39(10):1717-1731.

[53] 唐燕，杨东．城市更新制度建设：广州、深圳、上海三地比较 [J]．城乡规划，2018(4):22-32.

[54] 张文忠，何炬，谌丽．面向高质量发展的中国城市体检方法体系探讨 [J]．地理科学，2021,41(1):1-12.

[55] 王灿，陈晨．新技术支持下的第三方城市体检评估框架研究 [J]．规划师，2021,37(19):20-25.